一番よくわかる

庭木の剪定

初心者でも失敗しない、
切り方・管理のポイントを紹介！

監修 小池英憲

新星出版社

はじめに

庭で育てる樹木のことを庭木といい、自然に生える樹木とは区別します。では、自然に生える樹木と庭木では、どんな違いがあるのでしょうか。そのいちばんの違いが「人の手が入っているか」です。庭木には、そもそも植えられる目的があります。たとえば、枝振りを見て楽しみたい、庭に木陰がほしい、花や実を楽しみたい、などがその目的にあたり、目的に合うように手を入れた木が庭木なのです。

樹木に手を入れるということは、土づくりからはじまり、植えつけ、施肥などさまざまな要素があります。なかでも目的に合った樹木に仕立てるという意味では、剪定が重要です。剪定とは「健全に庭木が育つため」、「美しい樹形を保つため」、「花や実を楽しむため」に枝を切ることをいいます。樹木は庭に迎え入れて、枝を剪定することではじめて庭木となります。重要なのは、目的に合った切り方をすることと、時期をまちがえないことです。

剪定が難しいことのように感じる人もいるでしょ

う。しかし、そんなことはありません。ポイントになるのは、「庭木に興味をもって楽しむ」ということです。そのために、庭に出てみることをおすすめします。庭に出ると、きっと何かしらの発見があります。これまで気づかなかった小さな花が庭木に咲いているのを見つけたり、落ちた種から芽が出ているのを発見したりするかもしれません。そんな小さな発見を積み重ねると、庭木に興味がわくはずです。

　樹木に興味があれば、庭木が枯れそうになっていたら、すぐに気がついて手を打つのが当然です。また、夏に枝葉が茂りすぎていれば、「風通しが悪くて暑そうだな……」と気づかうこともあるでしょう。まずは庭木を毎日眺めてみましょう。そして、剪定したい木があればこの本を開いてください。

　この本では、落葉樹であれば夏（葉がある時期）と冬（落葉期）の剪定方法、花木であれば花がどうやって咲くかなどの情報を掲載しているので、樹木や時期に合わせた剪定方法がきっと見つかるはずです。ぜひ、目的に合わせた剪定をして、庭木を楽しんでください。

本書の使い方

樹木名

一般的な流通名、よく使われる名前をカタカナで掲載しています。

科属名

植物分類学上の科名と属名を掲載しています。同じ科属の場合、性質の似ることがあります。

カレンダー

花期：花の観賞を楽しむことができる時期です。

花芽分化期：次の花が咲くための花芽が樹木内部に作られる時期です。

剪定期：剪定をするのに適した時期です。落葉樹において、緑色は夏の剪定期、青色は冬の剪定期を表し、常緑樹の剪定期は緑色で表しています。点線で囲んだ青緑色の部分は、剪定可能な時期です。

＊カレンダーは関東以西の温暖地を基準にしていますが、地形や環境、その年の気候で変化することもあります。

耐陰性：樹木が成長するのに必要な日当たりを表します。日当たりが悪くてもある程度育つことができる樹木は「強い」、日当たりがよいところでないと育つことができない樹木は「弱い」、その中間は「普通」に分類しています。

耐寒性：樹木がどの程度の寒さに耐えられるかを表します。「強い」の樹木は寒さに強く、「弱い」の樹木は温暖地でしか育つことができません。「普通」はその中間を示します。

剪定回数：落葉樹は基本的に、夏と冬の2回、常緑樹は1回としています。

夏の剪定・冬の剪定

落葉樹は、葉がある時期と落葉期において剪定方法が異なるため、両方掲載しています。見出しにある（　）内には、夏と冬それぞれの剪定適期を記しています。

剪定イラスト

切る枝は、うすいピンク色で表現しているので、1枚のイラストで剪定前と剪定後の両方を見ることができます。また、オレンジ色の縦の点線は樹木の中心線を表し、オレンジ色の点線の曲線は、中心線をもとに設定した剪定後の樹冠を表しています（中心線の代わりに、「芯となる枝」のものもあります）。

※切る枝をわかりやすくするために、実際よりも枝や葉の数を減らしています。

落葉樹
花木
ハナミズキ
冬の剪定（2～3月）
樹冠をととのえる
樹冠から出た枝をつけ根で切り、樹冠をととのえる。
芯となる枝
樹冠
樹形をととのえる
主幹を切ったので、周囲の枝もバランスを見て切る。
花芽（写真）は、短枝の先端つく。丸く大きくなるので、視で確認して落とさないよう注意する。
横枝を間引く
ハナミズキは横方向に大きく枝を伸ばすので、コンパクトに保つために横方向の長い枝を間引く。
からみ枝を間引く
樹形を乱すからみ枝をつけ根から間引く。
枯れ枝を取る
枯れた枝はかんたんに折れるので、ハサミを使わずにつけ根から折り取る。
剪定・管理のポイント
新梢があまり伸びないので、夏の剪定は軽めにし（翌年の花が期待できなくなる）、冬に太めの枝を切って樹形を作る。
花芽は短枝の先端につくため、冬の剪定で短枝は残し、勢いよく伸びた枝を間引く。
外へと広がる性質が強いので、スペースに限りがある場合は、横に伸びる枝を間引いて広がりをおさえる。
内部の枝が枯れやすいので、夏も冬も枝を間引いて日当たりをよくする。
69

切るときのポイント

イラストから伸びる線の先に、枝を切るときのポイントを紹介します。

剪定・管理のポイント

剪定と管理をするうえでのポイントを紹介しています。

花芽の位置

すべての花木に、花芽がどのようにつき、どのように花が咲くかを紹介しています。○がついている部分は切っても開花に影響がなく、×の部分を切ると花が咲かなくなります。

基本データ

落葉・常緑：樹木を落葉、常緑、常緑針葉の3つに分け、それぞれを高木、小高木、低木に分類しています（→P.14）。

樹形・大きさ：円すい形、卵形、半球形、円柱形、株立ち、枝垂れ、つる性、タケ形の8種類に分類しています（→P.11）。

花色：一般的な花の色を紹介しています。

実色：一般的な実の色を紹介しています。

主な仕立て方：円すい形、卵形、半球形、円柱形、株立ち、枝垂れ、つる性、タケ形、段づくり、生け垣、玉づくり、スタンダード、フェンス仕立ての13種類に分類しています（→P.15）。

もくじ

STAFF

●撮影協力
内山緑地建設株式会社、
東京グリーンサービス株式会社、
保阪植木生産農場

●写真撮影
上林徳寛、田中つとむ

●執筆協力
田中つとむ、山内ススム

●イラスト
坂川由美香

●紙面デザイン
株式会社ごぼうデザイン事務所

●DTP
有限会社ドット・テトラ

●校正
株式会社みね工房

●編集制作
株式会社童夢

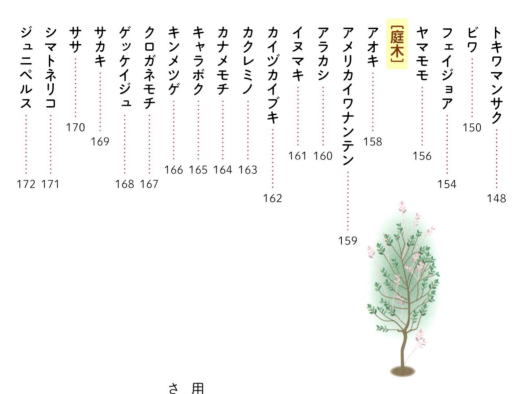

第1章

剪定の基礎知識

樹木の基礎知識

樹木の種類と剪定

樹木の剪定をするためには、樹木を「針葉樹」「広葉樹」に分け、さらに広葉樹は「落葉広葉樹」「常緑広葉樹」に分けて考える必要があります。針葉樹、落葉広葉樹、常緑広葉樹では、それぞれ成長する時期や成長の仕方が違うので、剪定する時期や方法も異なってくるためです。

針葉樹：針のように細く尖った葉や鱗状の葉、扁平の細長い葉などをもった樹木です。寒さに強く、樹勢が強い樹木が多いのが特徴です。

落葉樹：成長する時期と、葉を落として休眠する時期（冬）がある広葉樹です。常緑樹に比べると寒さに強く、樹勢が強いのが特徴です。

常緑樹：年間を通して葉がついている広葉樹です。落葉樹に比べて寒さには弱い樹種が多く、沿岸部に多く生えます。

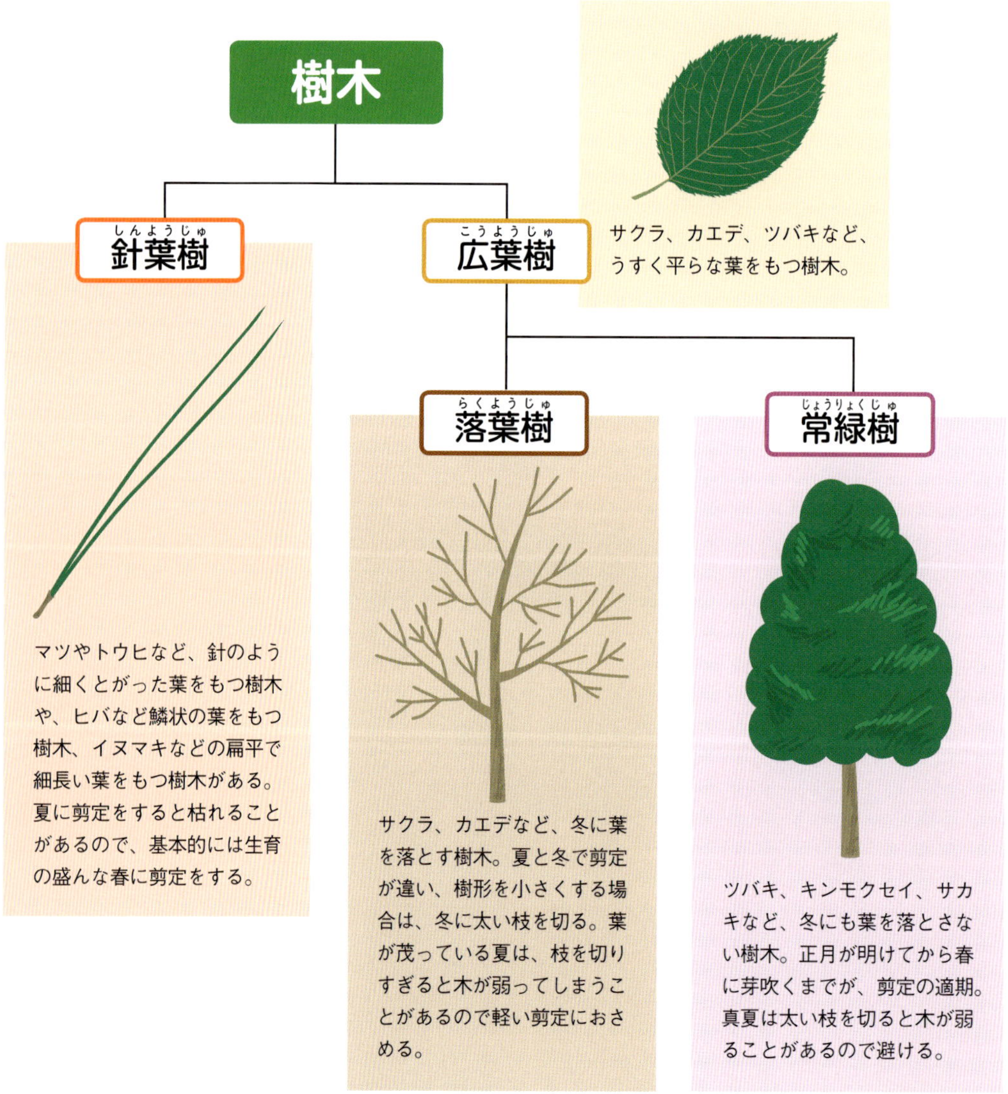
樹木
針葉樹《しんようじゅ》
広葉樹《こうようじゅ》
サクラ、カエデ、ツバキなど、うすく平らな葉をもつ樹木。
マツやトウヒなど、針のように細くとがった葉をもつ樹木や、ヒバなど鱗状の葉をもつ樹木、イヌマキなどの扁平で細長い葉をもつ樹木がある。夏に剪定をすると枯れることがあるので、基本的には生育の盛んな春に剪定をする。
落葉樹《らくようじゅ》
サクラ、カエデなど、冬に葉を落とす樹木。夏と冬で剪定が違い、樹形を小さくする場合は、冬に太い枝を切る。葉が茂っている夏は、枝を切りすぎると木が弱ってしまうことがあるので軽い剪定におさめる。
常緑樹《じょうりょくじゅ》
ツバキ、キンモクセイ、サカキなど、冬にも葉を落とさない樹木。正月が明けてから春に芽吹くまでが、剪定の適期。真夏は太い枝を切ると木が弱ることがあるので避ける。

樹形のいろいろ

樹木が成長すると、それぞれの樹木固有の樹形になります。樹形にはさまざまなものがありますが、本書では、大きく8つのタイプに分けています。それぞれのタイプの特徴を生かすように剪定することが重要です。

半球形《はんきゅうけい》

樹高は低く、地表付近にも枝が張り出して半球のような形になる。

卵形《らんけい》

卵のようなだ円形になる。低木～高木まである。

円《えん》すい形《けい》

先が細く、下部は枝が横方向に広がる。

タケ形《けい》

タケのように節ごとに枝葉が伸びる。

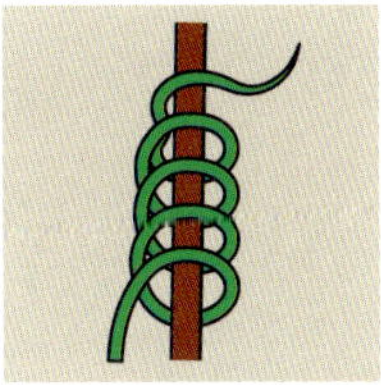

つる性《せい》

枝がつる状に伸びて、主幹が立たない。

枝垂《しだ》れ

枝が垂れ下がる。

株立《かぶだ》ち

地際から、何本もの細い幹が伸び、1本で林のようになる。

円柱形《えんちゅうけい》

先と下部で、枝の横方向への広がりが同じくらいになる。

樹木の各部位

樹木の各部位には「主幹」や「主枝」、「亜主枝」といった名前がつけられています。本書でも樹木の各部位をそれらの名前で表記しているので、ここで紹介する基本的な名前を覚えておくと便利です。

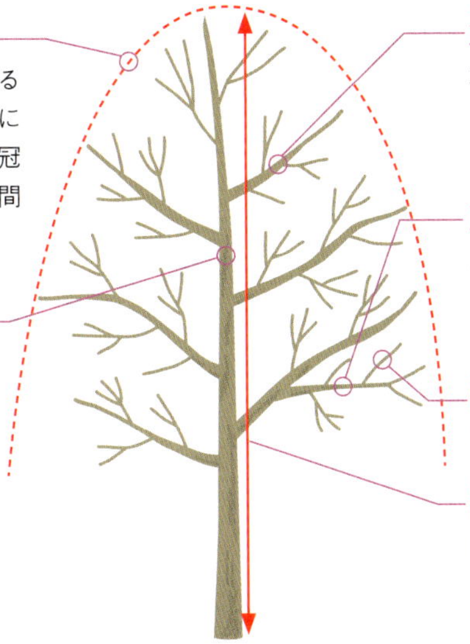

樹冠《じゅかん》
枝葉が広がっている部分。美しい樹形にするためには、樹冠からはみ出た枝は間引く。

主幹《しゅかん》
木の幹。

主枝《しゅし》
主幹から伸びる、木の骨格となる枝。

亜主枝《あしゅし》
主枝から伸びる、木の骨格となるような太い枝。

側枝《そくし》
亜主枝から伸びる枝。

樹高《じゅこう》
樹木の根元から、先端までの高さ。

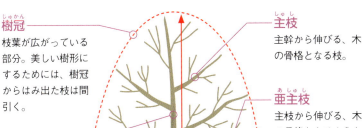

樹木の一年と剪定

樹木は四季によって、状態がさまざまに変化します。基本的には春から夏にかけてが成長期、秋が栄養をたくわえる時期、そして冬が休眠期です。しかし、樹木の種類によっても若干の違いがあり、剪定をする際には、その違いにも気をつける必要があります。

落葉樹

落葉樹は、一般的に3月の上旬ごろから新梢の成長期に入ります。6月中旬から10月ごろまでは、枝葉が成熟し、養分をたくわえる時期、さらに11月から12月にかけての紅葉・落葉期を経て12月下旬から3月上旬まで休眠期間です。

一般的に、樹形をコンパクトにするような剪定は冬の休眠期に行うのが最適です。夏に行うと、樹内にたくわえられた養分が0なので、樹木が弱ることがあります。夏には、不要枝の整理などの軽めの剪定をします。

軽い剪定の適期

太い枝を切れる時期

6月	5月	4月	3月	2月	1月

樹内養分量《じゅないようぶんりょう》

樹内にためられている養分量。一般に春から夏にかけての成長期には養分を消費するために減り、秋には休眠するための養分をためる。

伸張成長期《しんちょうせいちょうき》

葉で養分を作り、枝が成長する時期。

萌芽期《ほうがき》

気温上昇とともに樹内養分を使い、芽が伸び、葉が開く。

休眠期《きゅうみんき》

寒さのため、活動を休んでいる時期。

※本書は関東以西の暖地の気候を想定していますが、地形や環境、その年の気候で変化することがあります。

常緑樹

常緑樹は一年を通して葉をつけています。

落葉樹と比べると、秋に紅葉・落葉期がないということ以外は、活動サイクルに大きな違いはありません。しかし、常緑樹は冬の休眠期にも完全に活動を停止することはなく、鈍くではあるものの活動をしていることが特徴です。

一般的に、梅雨明けと同時に新梢の成長がひと段落するため、剪定をするのはそのころが最適といわれています。また、冬の時期も活動が鈍いため、剪定できます。

針葉樹

針葉樹は、落葉性のものと常緑性のものがありますが、日本で庭木として利用されるのはほとんどが常緑性です。

年間の活動サイクルは常緑樹とほぼ同じです。剪定は生育の盛んな春が最適で、夏に太い枝を切るのは避けましょう。

7月	8月	9月	10月	11月	12月	

樹内養分は樹木の成長に使われ、夏に0になる。このときに太い枝を切ると木にストレスを与えてしまう。

夏を過ぎると、冬に向けて樹内養分の蓄積がはじまる。

充実成長期《じゅうじつせいちょうき》

花芽ができ、結実するための養分がたくわえられる。

結実期《けつじつき》

果実が実る時期。

越冬準備期《えっとうじゅんびき》

休眠をするための準備をする時期。

休眠期

仕立ての種類

高さをおさえて庭木にする

樹木は高さによって高木・小高木・低木（灌木）などに分かれます。一般に、高木は10m以上、小高木は数m〜10m以下、低木は3m以下になります。

このため、庭木として利用するときは、剪定して高さをおさえる必要があります。高木では5m前後、小高木では2〜3m、低木では1m前後に仕立てます。基本的に、高木は高く、低木は低く剪定します。

樹木の性質は、自生する場所や環境によって耐寒性や耐陰性が決まります。落葉樹や針葉樹は寒い地域に生えるものが多いので、耐寒性が高く、常緑樹は比較的暖かな地域で育つため耐寒性が低くなる傾向があります。

また、多くの樹木は日当たりのよい場所を好みますが、森林の内部や高木の下に生えるものは耐陰性が高くなります。

樹木の高さ

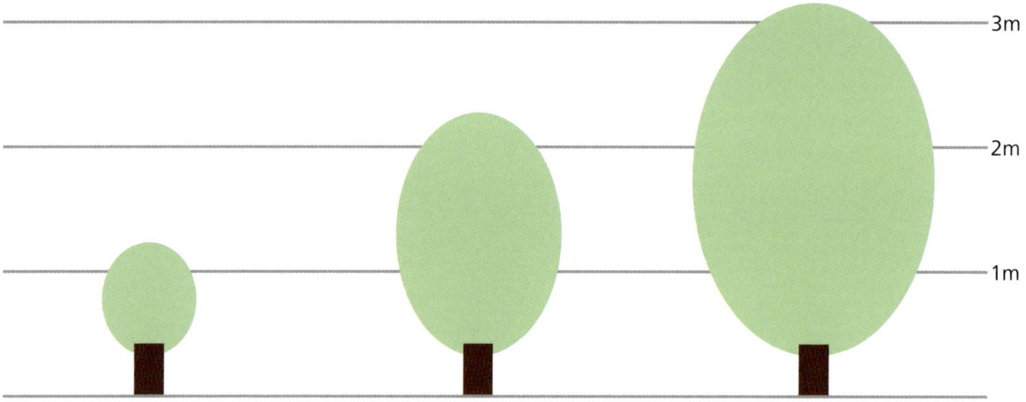

低木
高さ3m前後、庭では高さ1m前後に仕立てる。高木・小高木の根元や、景色にアクセントを添える。

小高木
高さ数m〜10m、庭では2〜3mに仕立てる。庭に緑をもたらすと同時に、庭の景色を作る。

高木
高さ10m以上、庭では5m前後に仕立てる。高さがあって目立つ存在なので、庭の中心として利用される。

生育環境による樹木の性質

耐陰性のある樹木
光があまり入らない森林の内部では、耐陰性のあるアオキ（写真）などが生育する。

耐寒性が低い樹木
海沿いなどの温暖な地域では、常緑樹が多く見られる。

耐寒性が高い樹木
山林などでは、耐寒性のある落葉樹や針葉樹が多い。

仕立ての種類

庭木は、その樹木の樹形や特性に合わせて仕立てていきます。多くは自然樹形に仕立て、萌芽力があるものは刈り込みで生け垣や玉づくりなどに仕立てます。

株立ち

数本の幹が美しく見えるように仕立てたもの。写真はナツツバキ。

自然樹形

幹が1本で直立し、その樹木本来の枝の広がり方に合わせて仕立てる。写真はハナミズキ。

円すい形

円すいに刈り込むなどして仕立てる。針葉樹など自然に円すい形になるものが多い。写真はジュニペルス。

段づくり

大小の玉を段にする伝統的な仕立て方。イヌマキやマツなどに多い。写真はマツ。

枝垂れ

枝がやわらかく垂れ下がるように仕立てた形。写真はシダレモミジ。

フェンス仕立て

自立しないつる性の樹木をフェンスなどにはわせて仕立てたもの。

スタンダード

幹をまっすぐに伸ばして頂部のみ、枝を茂らせるように仕立てる。

玉づくり

刈り込んで球形に形作る仕立て方。日本の伝統的な仕立て方のひとつ。

生け垣

家との境界に、萌芽力が強い樹木を使って垣根に仕立てる。

剪定に使う道具

手に合うものを選ぶ

剪定に必要最低限の道具は、枝を切るための剪定バサミ、木バサミ、ノコギリの3点です。このほか、刈り込みが必要な生け垣の剪定をする場合や、高い木を切る場合は、刈り込みバサミ、脚立や高枝切りバサミなどがあると便利です。どれも園芸店やホームセンターなどで入手できます。

ハサミやノコギリは各メーカーからさまざまな種類のものが出ています。どの道具も実際に手でさわってみて、手に合うサイズ、重さや持ったときのバランス、持ち手の感触などを確認してから、自分の手になじむものを選ぶとよいでしょう。

また、ハサミやノコギリには、それぞれ刃の動かし方や向きなどの基本的な使い方があります。剪定をはじめる前に、道具の正しい使い方を覚えてから枝を切りましょう。

道具の種類

ノコギリ

太すぎて剪定バサミで切れない枝は、ノコギリで切る。木工用のものではなく、片手で扱いやすい、片刃の剪定用のものを選ぶ。

木バサミ

細い枝を切るときに利用する。剪定の仕上げや樹冠内部の枝を切るときに重宝する。

剪定バサミ

直径1.5cmほどまでの枝を切るときに使う。剪定でもっとも使うハサミなので、サイズや形状など、手になじむものを選ぶ。

脚立

三脚と四脚がある。足場が不安定な場所で使用することもあるので、三脚を選ぶとよい。転倒防止のためにチェーンを必ずかけ、いちばん上の足場は使用しない。

高枝切りバサミ

高い場所の枝を切るときに使う。ノコギリが付属しているものを選べば、太い枝を切ることもできる。

刈り込みバサミ

玉づくりや生け垣など広い面を刈り込むための道具。柄がアルミ製の軽いものもある。

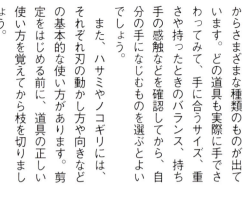

剪定バサミの使い方

基本的な使い方

刃の幅が細い「受け刃」(親指側) は動かさずに、刃の幅が太い「切り刃」のほう (小指側) を握って切る。

押し切り

反対側の手で枝を押さえて、刃先の方向へ枝を押すように切ると、力を入れずに切ることができる。

木バサミの使い方

基本的な持ち方

握りの輪に親指を通し、反対側に中指から小指までを通す。人差し指は輪の外側に添えると安定して刃を動かせる。

使い方

細い枝は刃の先端 (写真上)、太い枝は刃の根元 (写真下) あたりで切る。剪定バサミも同じように刃のあたる部分を使い分ける。

ノコギリの使い方

太い枝の切り方

1 枝が幹まで裂けないように、枝のつけ根近くを下から1/3ほどの深さまで切る。

2 先程の切り口よりほんの少し枝先側を上から切る。

3 枝をすべて切るか、ある程度まで切ってから折って枝を取り除く。

4 枝のつけ根にあるふくらみを残すように、切り口を斜めに切る。

基本的な持ち方

力を抜いて握る。人差し指を刃の背に乗せるように握ると、刃が左右にブレにくくなる。

使い方

刃が左右にぶれないように動かし、引くときに切ることを意識する。

高枝切りバサミの使い方

使い方

利き手でハンドルを握ってハサミを動かし、反対の手で柄を支える。柄が伸縮式のものだと長さを調整できるので使いやすい。ハンドル式とロープで刃を閉じるロープ式がある。

ハンドルを握ってハサミを動かす。

切る枝にハサミを当てて切る。付属のノコギリで太い枝も切れる。ノコギリを使うときには、高枝切りバサミの重さだけで切ることができるので、刃を前後に動かすだけでよい。

面の刈り込み

刈り込むときに天面・側面は刃を上向きに持って刈り込む。

角・曲線の刈り込み

天面・側面の交わる角や曲線は、刃を下向き（刃が足側に反る）にして刈り込む。

脚立の使い方

使い方

二等辺三角形になるように立て、チェーンを必ずかける。前方に体重をかけると安定して作業できる。脚立のいちばん上の段は安定しないため、乗らない。

刈り込みバサミの使い方

基本的な持ち方

刃先が重く感じない柄の中央あたりを持つ。柄を開閉すると刃も同じように動く。

使い方

両手を開け閉じして刈ると面がきれいにそろいにくい。利き手だけを動かし、利き手と反対の手は固定するときれいに刈れる。右手が利き手の場合、写真の赤い柄だけ動かす。

刃の向き

刃は角度が付けられ、通常上向き（刃が頭側に反る）に使用する。

基本的な剪定

切る枝の見分け方

剪定する枝は、見栄えが悪いもの、枝がきれいに伸びていないものなどが対象になります。これらの枝は「不要枝」といい、その特徴ごとにそれぞれ名前がついています。

見た目が悪い枝として、わかりやすいものは枯れ枝です。葉がついていなかったり、ほかの枝と色が違ったりして見分けやすいので、まずは枯れ枝を切り取ります。このほか、枝がまっすぐに立ち上がる「立ち枝」や勢いよく伸びて樹冠から出る「徒長枝」、枝同士がからんだ「からみ枝」もわかりやすい不要枝です。

まずは、目につきやすい枝から剪定して、ほかの不要枝を剪定します。枝数が少なくなれば、どの枝が不要枝なのか見つけやすくなり、樹形をきれいに見せるためにはどこを切ったらよいか、わかりやすくなります。

不要枝の種類

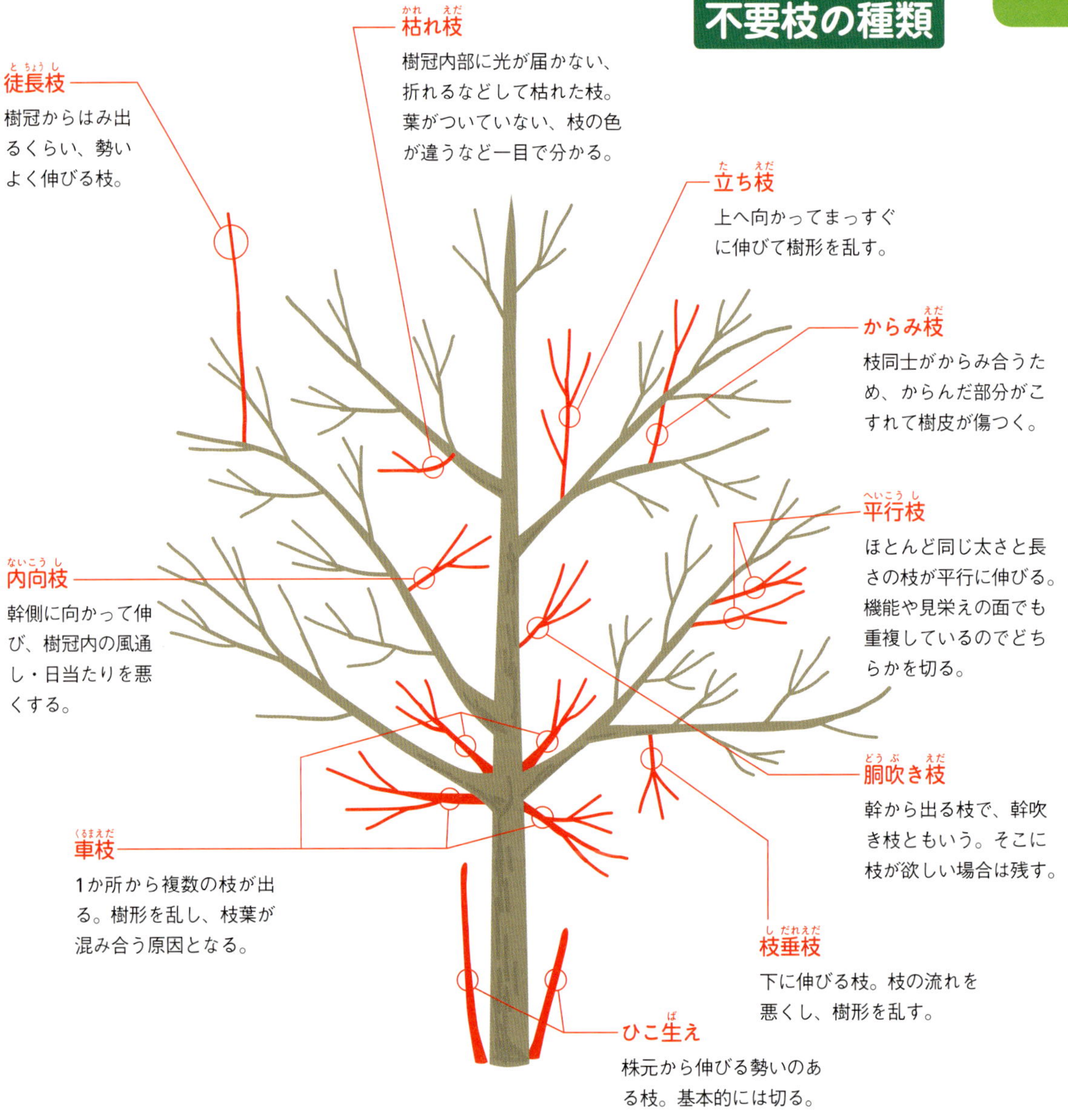

枯《かれ》れ枝《えだ》
樹冠内部に光が届かない、折れるなどして枯れた枝。葉がついていない、枝の色が違うなど一目で分かる。
徒長枝《とちょうし》
樹冠からはみ出るくらい、勢いよく伸びる枝。
立《た》ち枝《えだ》
上へ向かってまっすぐに伸びて樹形を乱す。
からみ枝《えだ》
枝同士がからみ合うため、からんだ部分がこすれて樹皮が傷つく。
平行枝《へいこうし》
ほとんど同じ太さと長さの枝が平行に伸びる。機能や見栄えの面でも重複しているのでどちらかを切る。
内向枝《ないこうし》
幹側に向かって伸び、樹冠内の風通し・日当たりを悪くする。
胴《どう》吹《ぶ》き枝《えだ》
幹から出る枝で、幹吹き枝ともいう。そこに枝が欲しい場合は残す。
車枝《くるまえだ》
1か所から複数の枝が出る。樹形を乱し、枝葉が混み合う原因となる。
枝垂枝《しだれえだ》
下に伸びる枝。枝の流れを悪くし、樹形を乱す。
ひこ生《ば》え
株元から伸びる勢いのある枝。基本的には切る。

剪定の効果

剪定は庭木を美しく、健全に育てるために欠かせない作業です。枝は先端のほうがよく伸びます。放任した木では枝が多くなりすぎて、枝先ばかりが茂ります。こうなると、幹近くには光が入らず、樹冠内部の枝は枯れてすき間が多くなります。また、枝葉の茂りすぎは、風通しが悪くなり病気の原因にもなります。

　まずは前ページの不要な枝をつけ根から切って、枝数を減らします。これを「間引き」または「透かし」といいます。すべての枝を間引いたら、次に樹冠から出た枝を切りそろえる「切り戻し（切り返し）」を行うことが剪定の基本的な流れです。

　また、樹冠を決めてから剪定をすると、より美しい樹形にできます。樹冠は、まず芯となる枝を1本決め、それをもとに左右対称になるように設定します。芯となる枝がない場合には、樹木の中心を通る中心線をイメージしながら樹冠を決定します。

剪定の基本

剪定前

枝が茂っていて、上から見ると樹冠内部まで密になっていて地面が見えないほど。まずは不要枝を切る。

剪定後

不要枝をつけ根から切ることで樹冠内部がすっきりとした。上から地面が見えるほど、すき間ができた。

枝の切り方

つけ根と芽の上で切る

細い枝・太い枝に関わらず、間引くときは、基本的につけ根から切り取ることが大切です。枝が残っていると、見た目が悪いだけでなく、切り口から枯れ込むことがあります。

枝先を切り戻すときは、芽の上数ミリを残して切ります。間引きと同様に残しすぎてしまうと枝が枯れてせっかく残した芽も枯れてしまいます。また、芽の近くぎりぎりで切ってしまっても芽が枯れてしまうことがあります。

芽には内芽と外芽があり、内芽からは枝が幹や垂直方向に伸びて多くは不要枝になります。外芽は樹冠の外に伸びるので、基本的に外芽を選んで切り戻します。

切り戻すときは、枝は樹冠よりも深い位置で切ります。切り口が樹冠近くにあると意外と目立ち、枝が伸びると樹形を乱す原因にもなります。

間引きの基本

細い枝の間引き

枝は基本的につけ根から切る。株立ちのものも同様につけ根から切ること。

悪い枝の切り方

枝が残っていると、枯れて見栄えが悪くなるだけでなく、病気の原因にもなる。

中くらいの枝の間引き

やや太い枝では、つけ根近くで一度切ってから、切り口がななめになるように再度切る。

よい切り口

組織がきれいに巻き込んで切り口がきれいに塞がる。

悪い切り口

切り口が塞がらずに、内部が空洞化してしまう。

外芽と内芽

内芽の枝ほど樹形を乱す枝になりやすいため、基本的には外芽の上で切る。

芽が対になるタイプ

葉が枝の両側に対でつくタイプの樹木は、外芽と内芽も対になるので、樹形が乱れやすい。内向きの枝を間引くとよい。写真はサンシュユ。

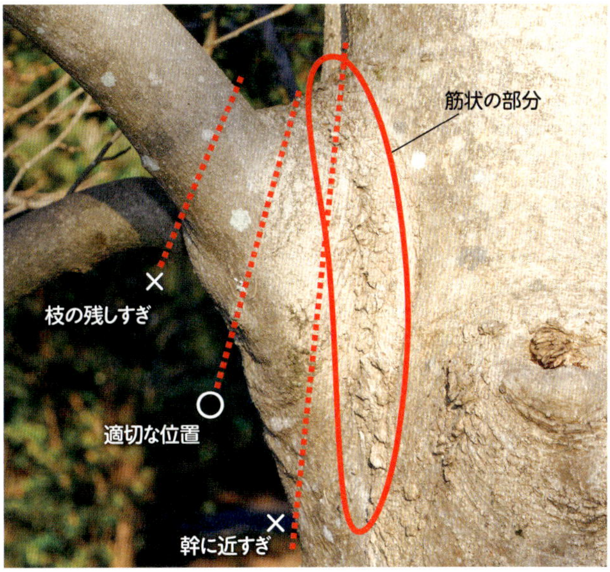

太い枝の間引き

太い枝は枝のつけ根にある筋状の部分よりも少し前で切ることが基本。この部分で切ると切り口が早く塞がる。

切り戻しの基本

芽の位置

枝を切り戻すときは基本的に外芽の上数ミリを残して切る。間引きと同様に枝を残しすぎると、枯れ込むことがある。

夏の剪定

不要枝を整理する

夏は樹木の活動が盛んですが、成長に養分を使い、樹内養分量は0になっています。そのため、太い枝を切ると樹木が弱る可能性があるので、一般的に切りません。

また、枝葉が茂り、樹冠内部の風通しが悪くなります。日本の夏は湿度が高く蒸し暑いため、病害虫の被害が出やすい時期です。それを防ぐためにも、**不要枝の間引きを中心に剪定をし**、風通しをよくします。また、夏の剪定は見た目を美しく保つことも重要です。

春に花が咲く花木は、夏に花柄《はながら》（咲き終わった花）がつきます。放っておくと、見た目が汚いだけでなく、蒸れて病気の原因となることがあります。また、やがて実ができますが、実を作るために多くの養分が使われ、樹勢が弱まることもあります。実を楽しんだり樹勢を弱めたりしたい樹木以外は、花柄は摘み取るのが一般的です。

剪定前後

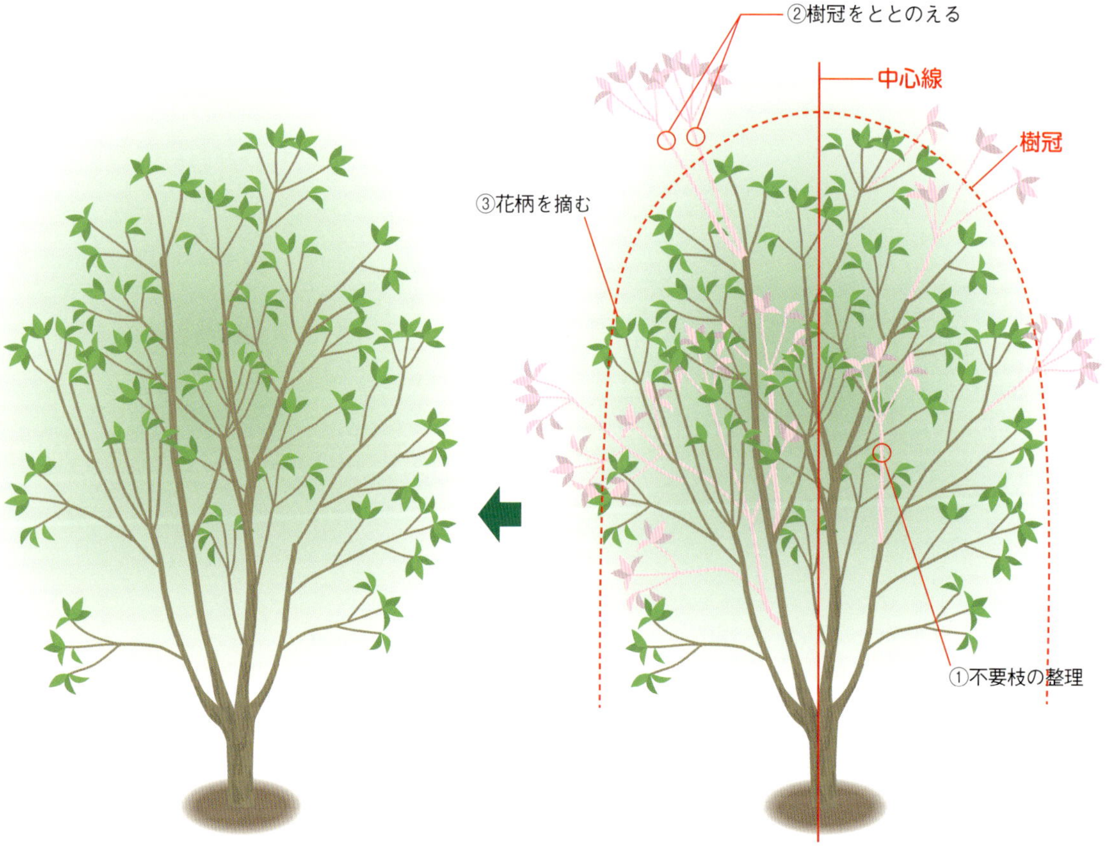

不要枝の間引きで風通しをよくし、樹冠から出た枝を切り戻して、樹形をととのえる。さらに太い枝を切って樹形を小さくしたい場合は冬に剪定をする。

①不要枝の整理

からみ枝

樹形を乱し、樹皮が傷つく原因となるので、つけ根で切る。

車枝

樹冠内部の風通しを悪くするため、つけ根で切り取る。

枯れ枝

残しておくと見た目が悪くなるので、つけ根で切り取る。

②樹冠をととのえる

樹冠から出ている枝を枝の分かれ目で切り戻す。樹冠内部で切り戻すと切り口が目立たず、美しい仕上がりになる。

③花柄を摘む

花柄を摘み取るときは、ハサミまたは手で行うとよい。見た目が美しくなるだけでなく、病気の予防にもなる。

冬の剪定

樹形を作る

冬は、寒さのため樹木が休眠します。とくに落葉樹は冬に葉がなく、見た目や剪定方法が夏と異なるため、本書では落葉樹は冬の剪定方法を夏と分けています。

落葉樹は冬に葉がなく、幹や枝が見やすくなります。不要枝を発見しやすくなるため、夏に気づかなかった不要枝も間引くことができます。そのため「冬姿が樹木の美しさを決める」といわれるほど、冬の剪定は重要です。

夏の剪定同様、冬の剪定でもまず不要枝を間引きます。樹形を作り直す場合は、まず**樹木の中心線（もしくは芯となる枝）を決め、中心線を中心にして左右対称になるように樹冠を設定し、そこから出た枝を切る**ようにします。

春に花が咲く花木は、冬に花芽がついており、これを切ると花が咲かなくなるため、花芽は避けて剪定するのが一般的です。

剪定前後

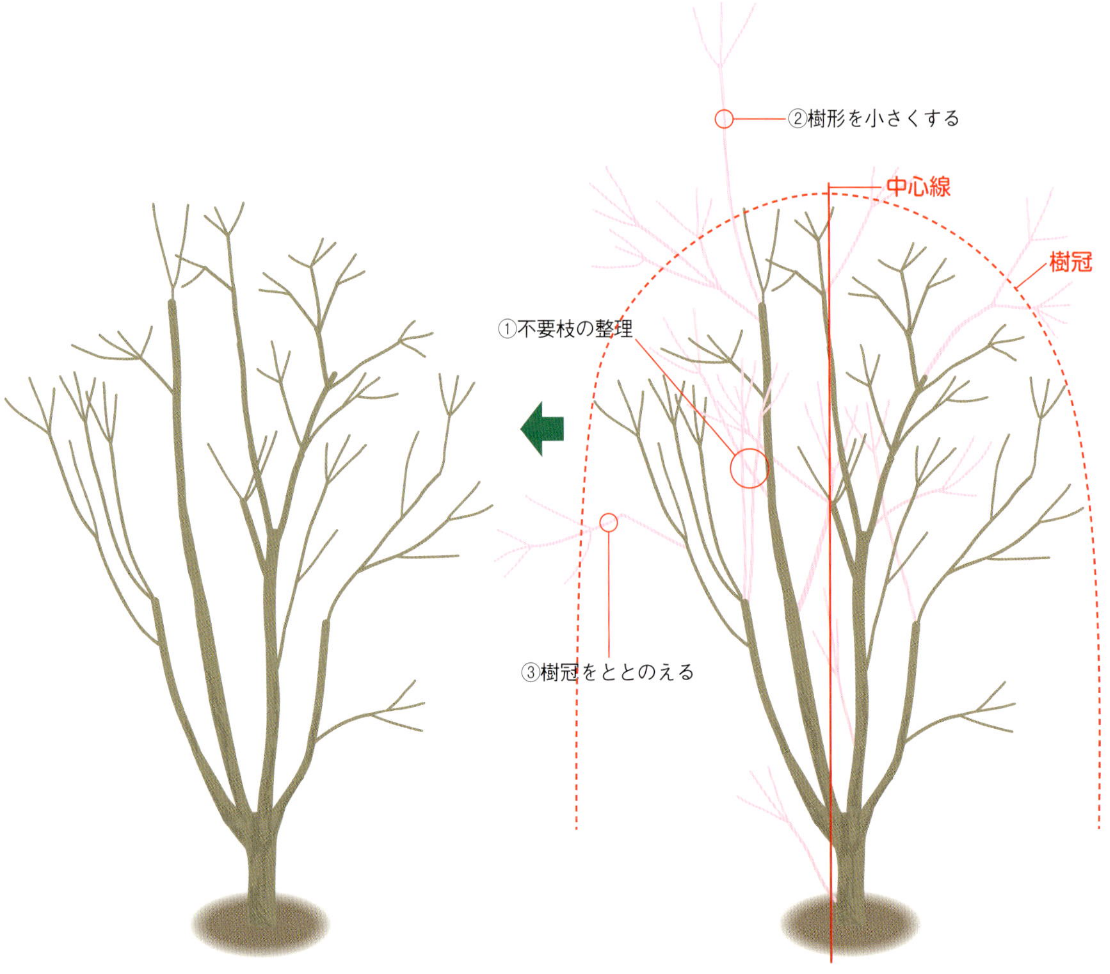

不要枝が間引かれ全体にすっきりとし、樹冠から出た太い枝が切り戻されているので、全体にひとまわり小さくなっている。

①不要枝の整理

夏の剪定同様、からみ枝や、混み枝といった不要枝を間引き、樹形をととのえる。枝が見やすい分、念入りに行うとよい。夏よりも太い枝を切ることができる。

②樹形を小さくする

冬に太い枝を切る。庭木の場合、スペースが限られる場合が多いので、なるべくコンパクトに保つとよい。また芯となる枝を1本決めて、その枝を切り戻すことで、樹高をおさえることもできる。

③樹冠をととのえる

樹冠から出ている枝を切り戻して、樹形をととのえる。ただし、花木は枝先に花芽がついている場合があるので、花芽を残すように切り戻すとよい。

刈り込み剪定の仕方

玉づくりの刈り込み

萌芽力が強く、切ってもすぐに枝葉が出てくる樹木は刈り込み剪定をすることができます。刈り込み剪定では、玉づくりや生け垣などのさまざまな樹形を作ることができますが、ここでは基本的な玉づくりでの刈り込み剪定を紹介します。玉づくりでも中心線や樹冠を意識して剪定します。

①樹冠を決める

刈り込む前にどの程度の大きさにしたいのか、具体的にイメージする。前回刈り込んだ大きさに戻すのが基本。

②長い枝を切り戻す

刈り込みをする前に樹冠から飛び出た長い枝を切り戻しておくと、刈り込みバサミがひっかからないため、刈り込みがしやすい。ハサミを樹冠内部に入れて切ると、切り口が見えず、美しく仕上がる。

③刈り込む

刈り込みバサミを使って刈り込みをする。葉がなくなるほど強く刈り込むと芽が出なくなるので、刈り込みは葉があるところまでにする。

刈り込み剪定前後

長く伸び出ていた長枝が切り戻され、全体のぼさぼさ感も刈り込みによって解消されている。

樹形を美しくするために

誘《ゆう》引《いん》をする

からみ枝などの不要枝は基本的につけ根で切りますが、切ってしまうと枝数が少なくなりすぎてしまう場合などは、枝を誘引することが有効です。誘引とは、ひもや剪定した枝などを使って枝を理想の位置に固定することをいいます。

誘引したあとは、樹木が成長すると結び目が食い込んで枝が傷むことがあるので、定期的に確認するようにしましょう。

①剪定した枝の一端を斜めに切る

剪定した枝などである程度の長さ・太さがあるものの一端を斜めに切り、地面に刺さりやすくする。

②支柱となる枝を地面に立てる

①で切り出した枝の切り口を下にして地面に突き立てて支柱にする。支柱が枝にからんでいないように見えると美しく仕上がる。

③誘引をする

麻ひもや誘引用のワイヤーなどを使って枝を固定する。木が育つと固定したひもなどが食い込む可能性があるので、定期的に確認をする。

誘引前後

ジューンベリーの木を誘引したところ。枝のからみが解消され、混み合っていた枝もすっきりとした印象になった。

花芽のつき方

花を楽しむために

樹木の芽は大きく花芽と葉芽に分けることができ、花芽が育つと花が咲き、葉芽が育つと枝葉になります（花芽から花と枝葉の両方が出るタイプもあります）。剪定によって**花芽を落としてしまうと花を楽しむことができなくなる**ため、樹木のどの位置に花芽がつくのかを把握しておくことが重要になります。

花芽のつき方の分類

花芽が枝のどの位置につくのかはさまざまな分類方法がありますが、剪定において「切っていい枝」と「切ってはいけない枝」を明確に区別するためには、**①先端（頂芽）に花芽がつく②全体に花芽がつく（頂芽と側芽＝枝の側方にある芽が花芽になる）、③その他、の3つに分ける**とわかりやすくなります。

①先端に花芽がつくタイプ

先端のひとつの芽のみが花芽になる。ある程度長い枝先にもつくシャクナゲのようなタイプやハナミズキなどのように短枝の先端につくタイプがある。
[例]コブシ、サンシュユ、ハナミズキ、クチナシ、シャクナゲなど

②全体に花芽がつくタイプ

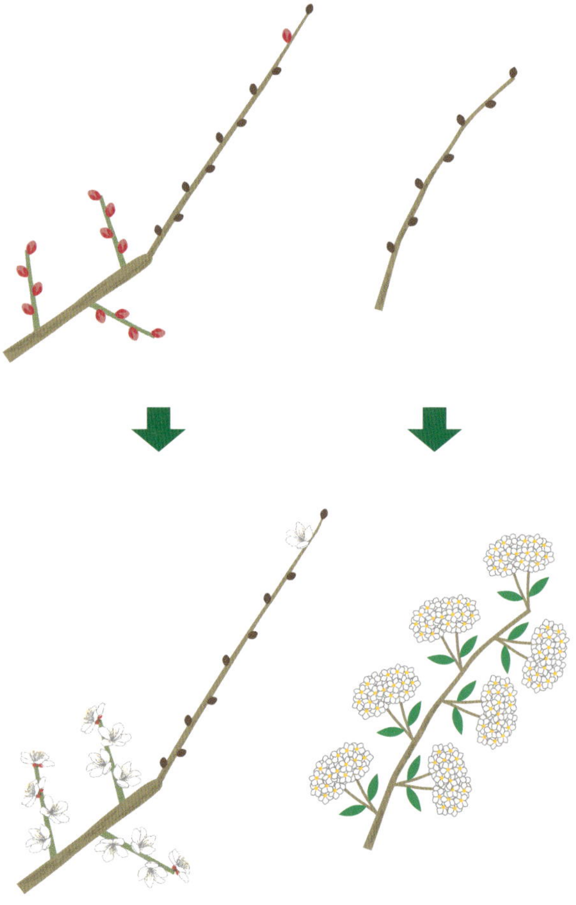

長枝・短枝に関係なく全体につく、ユキヤナギやレンギョウのようなタイプと、おもに短枝の全体につくウメのようなタイプがある。
[例]ウメ、オオデマリ、コデマリ、サクラ、ユキヤナギ、レンギョウ、ロウバイ、エニシダ、キンモクセイなど

③その他のタイプ

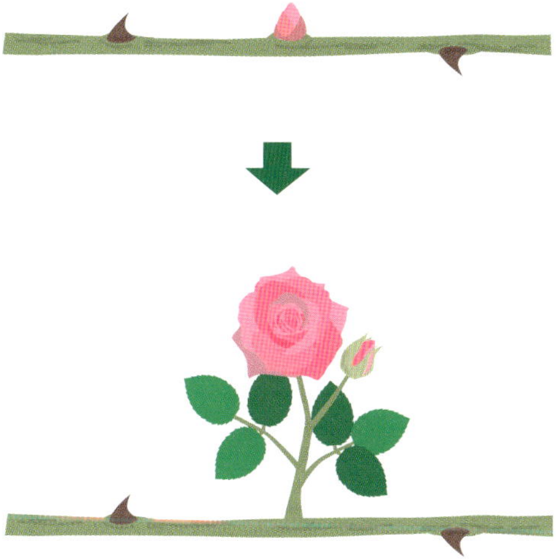

冬の間には花芽がなく、春になると枝が伸びながら花芽をつけ、その年中に開花する。元気な枝であれば、どの芽から伸びる枝であっても花をつける。

長枝と短枝

多くの樹木で、徒長枝のような長い枝には花芽はつきにくく、おもに中・短枝に花芽がつく。そのため、先端や全体に花芽がつくタイプの樹木であっても、長枝には花芽がないといった場合が多くあり、長枝は剪定対象となる。長枝の先端は、切り戻すと花芽がつく短枝が出やすくなることが多い。

モクレンの長枝と短枝。長枝には花芽がつかず、短枝の先端に花芽がついている。

純正花芽と混合花芽

花芽は「純正花芽」と「混合花芽」のふたつのタイプに分けることができます。純正花芽は、成長すると花だけがつく芽で、混合花芽は成長すると枝葉とともに蕾がついて開花します。

混合花芽

フェイジョアの花。枝が育ちながら葉とともに花がつく。

純正花芽

ウメの花。花芽からは枝葉が出ずに、花だけがついている。

花木の剪定

花芽を落とさない

剪定で花芽を落としてしまうと、花を楽しむことができなくなります。そのため、花木の剪定において、いちばん重要なのは、**花芽を落とさない**ということです。

基本的に、頂芽が花芽になる樹木は、花芽がついている時期に枝先をすべて切ってしまえば、花は咲きません。そのため、枝先を切るのではなく、間引き剪定が基本になります。

枝の全体に花芽がつくタイプは、枝先を切ってもある程度の花芽が残るので開花が望めます。そのため、このタイプは切り戻し剪定、間引き剪定の両方をすることができます。

伸びた新梢の先に芽がつき、その年の内に開花する樹木（31ページのその他のタイプ）は、どこを切っても、開花にほとんど影響はなく、3タイプの中でいちばん自由に剪定ができます。

①先端に花芽がつくタイプ

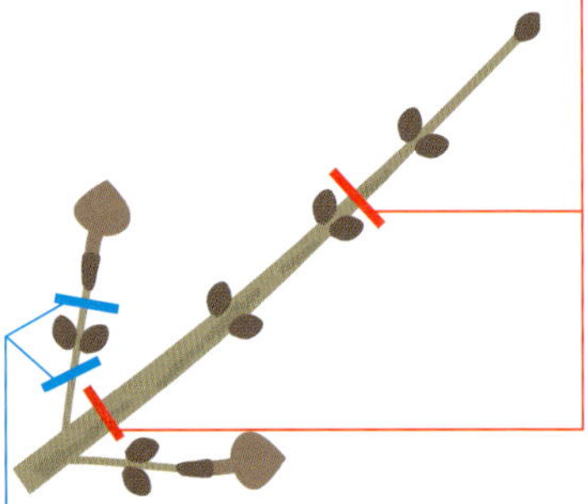
○長枝には花芽がつかないことが多いので、枝先、つけ根どちらで切ってもよい。
×短枝の先端には花芽があるので、枝先、つけ根のどちらで切っても花が咲かなくなる。

ポイント

短枝は枝先で切っても、つけ根で切っても花芽の数に影響が出る。基本的には短枝の枝先を切り戻すことはせずに、不要枝などをつけ根から切り取る間引き剪定をする。

②全体に花芽がつくタイプ

長枝にもつくタイプ

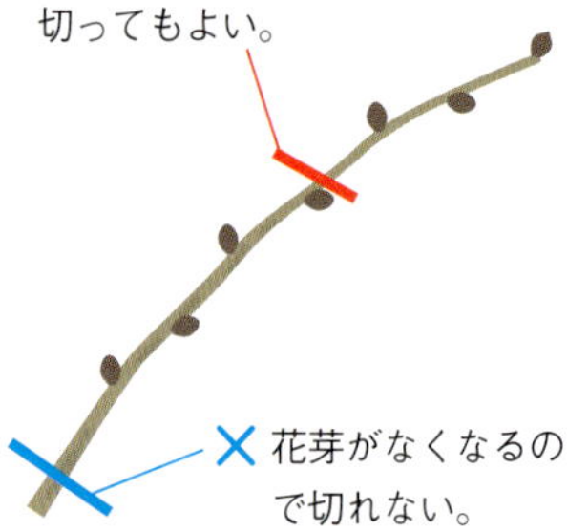
○枝先を切ってもよい。
×花芽がなくなるので切れない。

短枝のみにつくタイプ

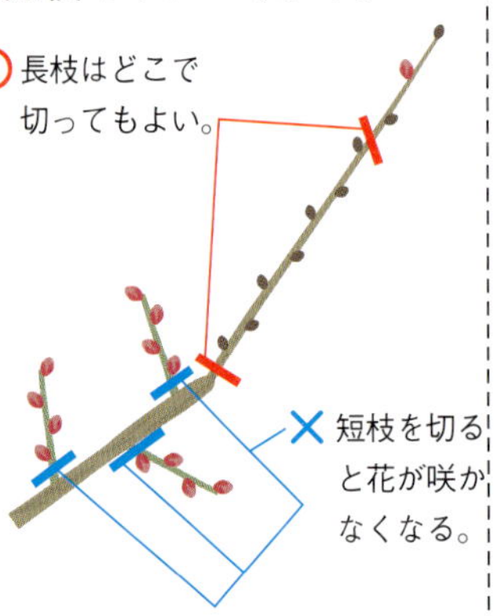
○長枝はどこで切ってもよい。
×短枝を切ると花が咲かなくなる。

ポイント

枝先を切っても花芽が残るが、つけ根で切ると花芽がなくなる。また、短枝のみにつくタイプは、短枝以外は自由に切ることができる。

③その他のタイプ

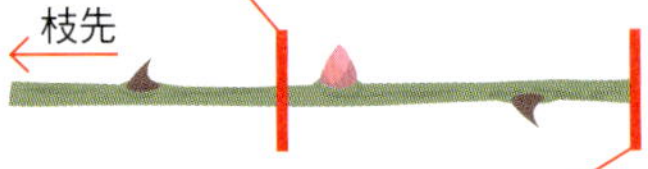
○残った芽が成長し、その先に花芽がつくので、芽を残して切り戻すことができる。
枝先
○どこにある芽であっても、成長すると花芽をつけるため、芽が残っている枝があれば切り落としてしまっても、開花に大きな影響はない。

ポイント

芽を残して切ると、その年に伸びる新梢に花芽がつくため、開花に大きな影響がない。切り戻し剪定、間引き剪定の両方をすることができる。

果樹の管理

おいしい果実を作る

果実を収穫するには、必要な作業があります。それらの作業は大きく、花や実に関する作業と枝に関する作業に分けられます。

花や実の管理は人工授粉《じんこうじゅふん》と摘果《てきか》をします。果樹には、1本の樹に雄花、雌花がそれぞれ咲くものや、雄花と雌花が別々の株に咲くもの、自分の花粉では受粉しないものがあります。そのため、確実に実をつけるには人工授粉をします。また、果実を間引いて（摘果）、残した果実に養分を集中させ、充実させることも重要です。

また、枝については、春先から初夏にかけて新梢の先端を摘み取ることで（摘心）、不要な枝の伸びをおさえて枝を充実させ、花芽をつきやすくさせたり、冬の剪定時に長枝の先端を切り戻して、花芽がつきやすい短枝を出させたりすることが重要です。

花・実の管理

摘果

大きく充実した果実を残して小さいものを間引く。どの程度の個数にすればよいかは果樹によって違う。写真はカキ。

人工授粉

花を摘み取って、おしべを別の花のめしべにこすりつける。毎年自然に実がよくつく場合はやらなくてもよい。写真はブルーベリー。

枝の管理

長枝の切り戻し

長枝には花芽がつきにくいため、枝先を1/3～1/4程度切り戻すことで、花芽のつきやすい短枝が出るのをうながす。写真はウメ。

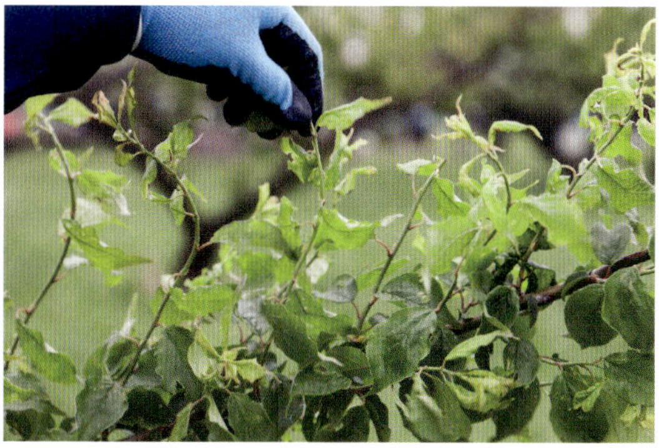

摘心

新梢の先端を摘み取ることで成長を止め、太く充実した枝にする。花芽がつきやすくなる。写真はウメ。

コラム

地表を活用できるスタンダード仕立て

樹木の仕立て方はいくつかありますが、スタンダード仕立てという仕立て方をご存じでしょうか？　スタンダード仕立てとは、1本の幹だけを垂直に高く伸ばし、その頂部だけに枝や葉を茂らせる仕立て方です。仕立て方は、地表から樹木の2/3程度の高さまでの、幹から伸びる枝をすべて切り落とし、上部に残した枝葉を刈り込むなどして、球形や立方体など思い思いの形にします。また、海外では、樹木の高い位置に接ぎ木（別の木の枝などの切断面を密着させてつなぎ合わせること）をしてスタンダード仕立てにする方法が一般的です。

スタンダード仕立ては見た目が美しいだけでなく、風通しがよくなって病害虫の予防につながる点、地表を活用できるという点で優れています。日本の多くの庭はスペースが限られるため、日当たりが限定され、風通しが悪くなり、病害虫の被害にあう可能性があります。しかし、スタンダード仕立てにしておけば、風通しと、樹木の根元付近の日当たりが確保できます。

ゲッケイジュのスタンダード仕立て。樹木の根元付近にはスイセンが元気に育っている。

第2章

落葉樹の剪定

アジサイ

アジサイ科　アジサイ属

アジサイは、梅雨の時期の代表的な花として古くから人々に親しまれてきました。日本原産のヤマアジサイやガクアジサイのほかに、セイヨウアジサイがあり、それぞれで園芸品種が豊富にあります。花弁のように見える部分は、がく片による装飾花で、本当の花は装飾花の中心部分にあります。

月	1	2	3	4	5	6	7	8	9	10	11	12
花期						■						
花芽分化期								■				
剪定期	■	■	■	■			■				■	■

基本データ

落葉低木

樹形・大きさ

株立ち

1〜2m

花色：○●●

実色：ー

主な仕立て方

株立ち

耐陰性：普通

耐寒性：強

剪定回数：夏1回・冬1回

花芽の位置

夏の終わり〜秋ごろに枝の先端付近の葉のつけ根に花芽がつき、翌年の春に花芽から枝が伸び、先端に開花します。

花柄
花芽は、その年に伸びた枝の先端付近につく（8〜9月上旬）
枝のつけ根の方には花芽はつかない

［花芽と葉芽］

花芽
葉芽

上が花芽で下が葉芽。大きさが違うので見分けがつく

※どの節で切っても、その下2〜3節が花芽になる

翌年の春ごろに花芽から枝が伸びはじめ、枝の先端に6〜7月上旬にかけて開花する
葉芽からは枝葉のみが伸びる

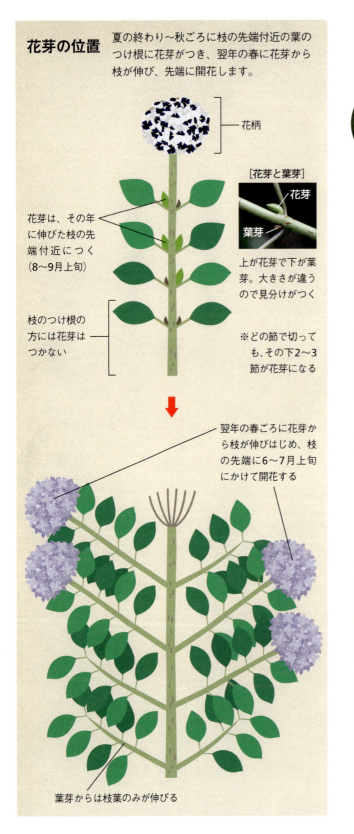

花を咲かせるためのポイント

アジサイの花を楽しむためには、花が終わった直後の剪定で花の2節下を切り、秋〜冬にさらに1節下を切る、「2段階剪定」という方法があります。この方法で剪定をすると、花を咲かせることに失敗することがなく、さらに大きく充実した花芽が形成されます。2回剪定するのが難しい場合は、花が咲き終わった後の剪定だけきちんとできていれば、翌年に花を楽しむことができます。

秋冬の剪定

花が咲き終わった後に切ったところからはすぐに枝が伸びはじめ、秋ごろには枝がY字になる。花が咲き終わった後に切った部分のすぐ下の節で切る。こうすることで、切った節についている花芽が大きく充実し、翌年に美しい花を咲かせる。11〜12月ごろになると、花芽は大きくなっているので、花芽を落とさないように目視で確認してから切る。

花が終わった直後の剪定

花を放置しておくと見た目が美しくないだけでなく、余計な養分を花に使ってしまうため、翌年の花芽が充実しない。そのため、花が終わった直後（色があせてきたら）に、花の2節下で切るとよい。こうすることで、切った位置の下の2〜3節の芽が花芽になる。

夏の剪定（7～8月上旬）

花柄摘み

花の下2節目の葉のすぐ上で、枝を切り戻す。こうすることで、切ったところの下2～3節に花芽がつく。

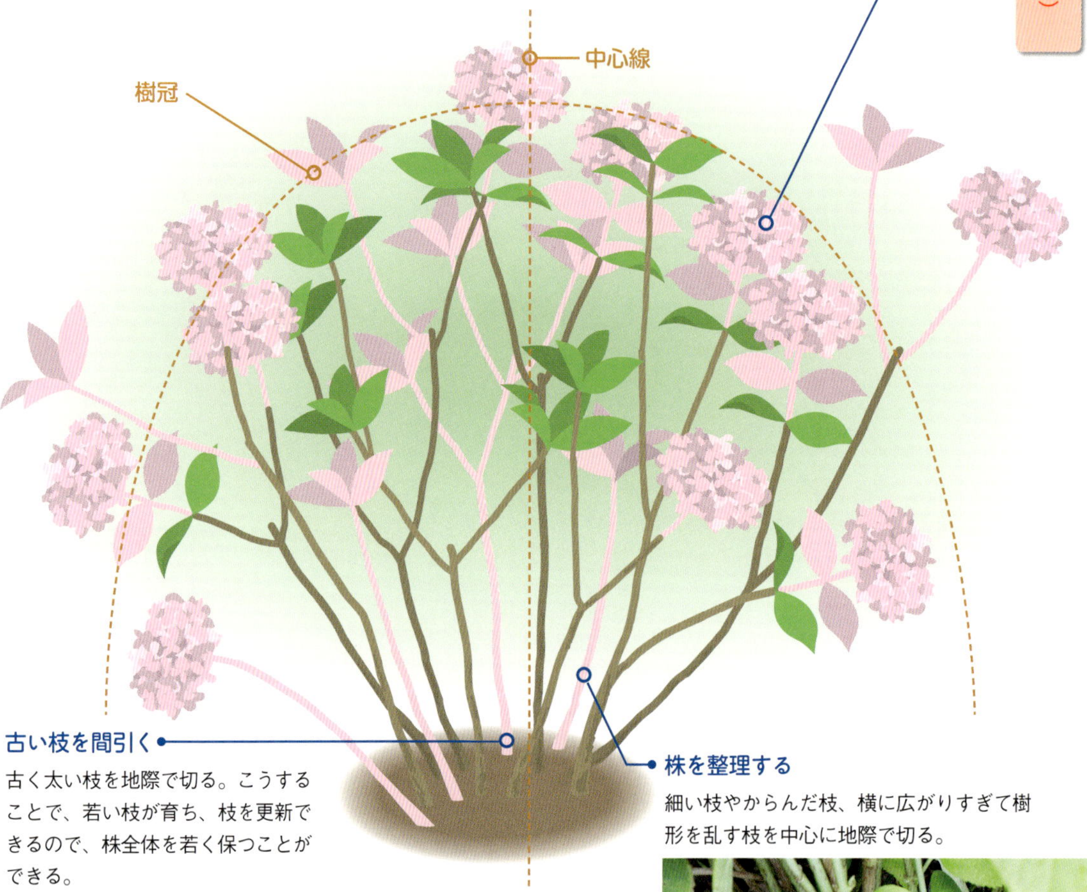

古い枝を間引く

古く太い枝を地際で切る。こうすることで、若い枝が育ち、枝を更新できるので、株全体を若く保つことができる。

株を整理する

細い枝やからんだ枝、横に広がりすぎて樹形を乱す枝を中心に地際で切る。

冬の剪定（11～12月）

夏に切ったところを再度切る

夏に花を切り落としたところは、枝が伸びてY字になっているので、その1節下で切り戻す。こうすることで、下の節についている花芽が充実する。

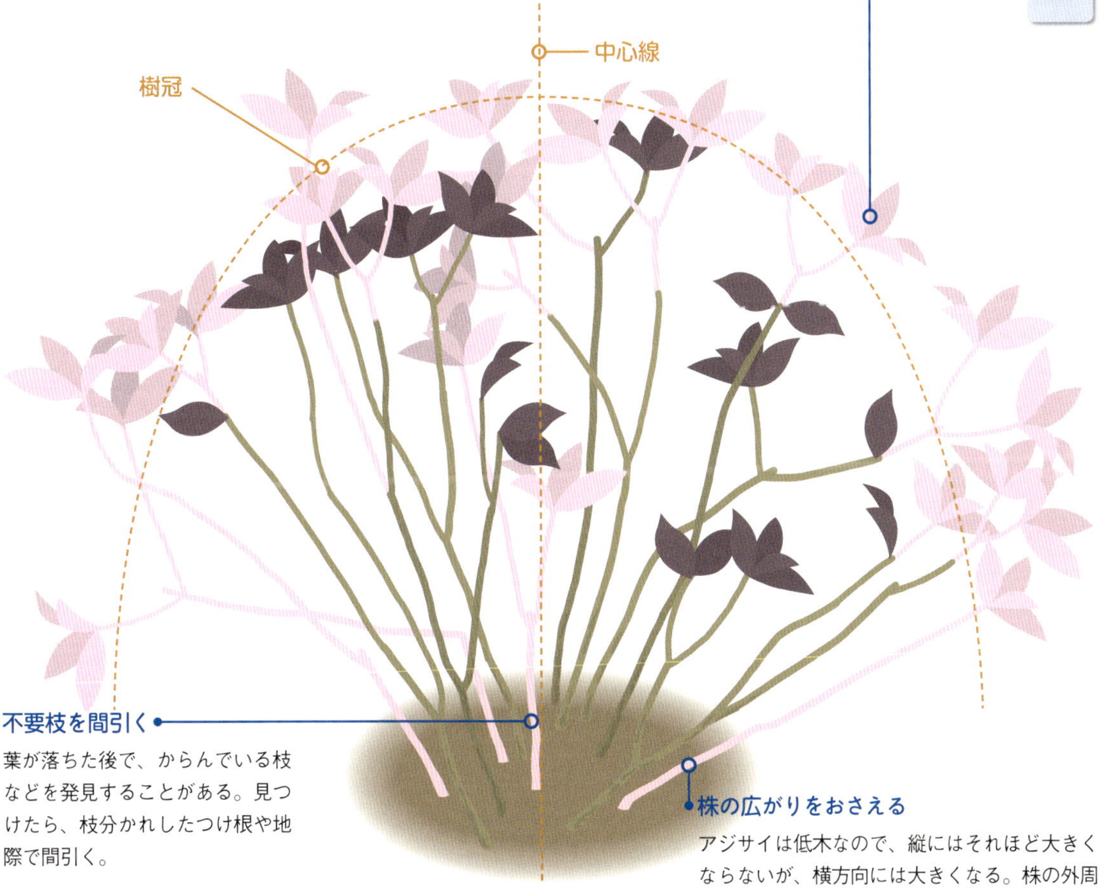

不要枝を間引く

葉が落ちた後で、からんでいる枝などを発見することがある。見つけたら、枝分かれしたつけ根や地際で間引く。

株の広がりをおさえる

アジサイは低木なので、縦にはそれほど大きくならないが、横方向には大きくなる。株の外周に生えている枝を地際で切ることで、株全体の大きさをコンパクトに保つ。

剪定・管理のポイント

- 夏の剪定では花柄摘みと枝の間引きをし、冬の剪定では太い枝を切って樹形をコンパクトにする。
- 「2段階剪定」（p.37参照）で、確実に花が咲く。
- 冬の剪定で株元10㎝で切りそろえれば、翌年の花は期待できないが、株全体を小さくできる（西洋アジサイの中には、株元10㎝で切っても花をつける品種がある）。
- 夏の剪定で葉がなくなるように多く枝を切ると、光合成ができなくなり、株が弱る。

ウメ

バラ科　サクラ属

原産地は中国で、万葉集にウメに関する歌が多く掲載されているなど、古くから日本人にとってなじみの樹木です。樹勢が強く、立ち枝が出やすいため、樹冠内部に日が当たりにくくなり、実の収量が落ちることがあります。剪定では樹冠内部まで日がとどくことを心がけましょう。

月	1	2	3	4	5	6	7	8	9	10	11	12
花期		■	■									
花芽分化期							■	■				
剪定期	■	■	■	■	■	■					■	■

基本データ

落葉高木

樹形・大きさ

半球型

2～10m

花色：○●●

実色：●

主な仕立て方

半球形

耐陰性：弱

耐寒性：強

剪定回数：夏1回・冬1回

花芽の位置

短枝全体の葉のつけ根に花芽がつき、翌年の早春に花芽の位置で開花します。

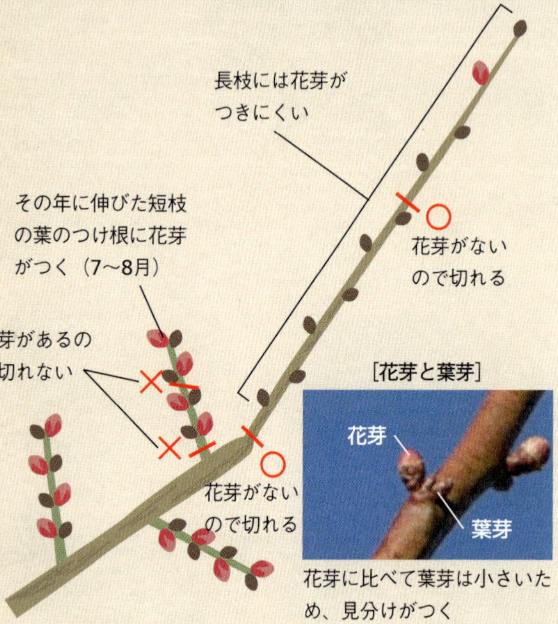
長枝には花芽がつきにくい
花芽がないので切れる
その年に伸びた短枝の葉のつけ根に花芽がつく（7～8月）
花芽があるので切れない
花芽がないので切れる
[花芽と葉芽]
花芽
葉芽

花芽に比べて葉芽は小さいため、見分けがつく

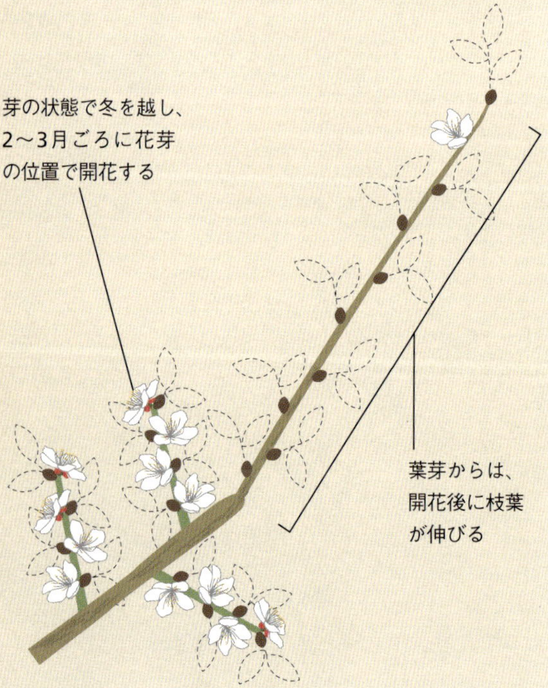
芽の状態で冬を越し、2～3月ごろに花芽の位置で開花する
葉芽からは、開花後に枝葉が伸びる

果実を収穫するためのポイント

ウメの花芽は短枝につきます。そのため、ウメの果実をたくさん収穫したい場合には、いかに短枝を多く出させるかがポイントになります。また、短枝は数年で花芽をつけなくなるため、新たな短枝を出させなければ、いずれは収穫量が減ってしまいます。

新たな短枝を出させるためには、長枝の先端を切り戻します。

こうすることで、長枝のつけ根から中央くらいまでには多くの短枝が出て果実をたくさんつけるようになります。

長枝の先端を切り戻す

長枝には果実がつかないが、すべて間引いてしまうと、将来実をつける短枝が出にくくなってしまう。先端を1/4程度切り戻すことで、つけ根から中央付近まで多くの短枝が出て、果実をつける。

先端の枝を1本にする

枝の先端付近からは、通常、2～4本の長枝が出る。これらをそのままにしておくと樹形が乱れて管理が大変になるため、枝全体が1本の自然な流れになるように、流れに合わない枝を間引く。

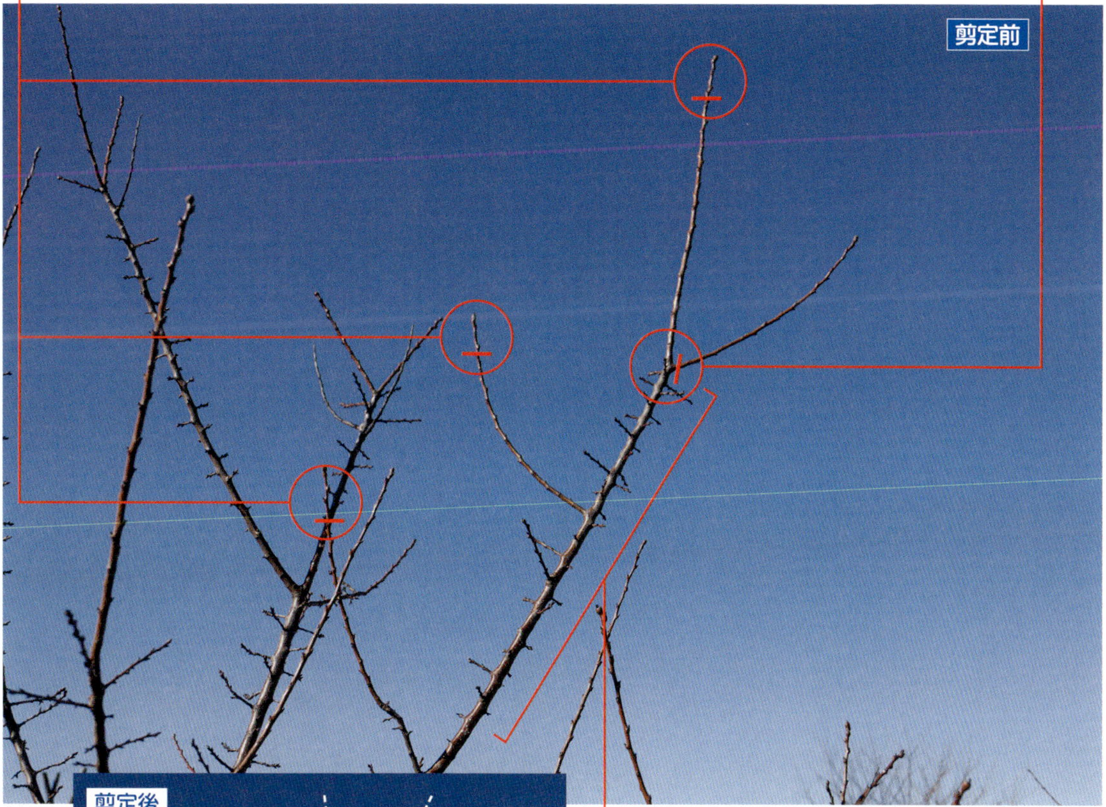

短枝に花芽がつきやすく、果実ができやすい。

切り戻した長枝のつけ根寄りには白の点線のような短枝が出る。先端に出た長枝は、1本に間引いて先端を切り戻すことで長枝に短枝を出させる。

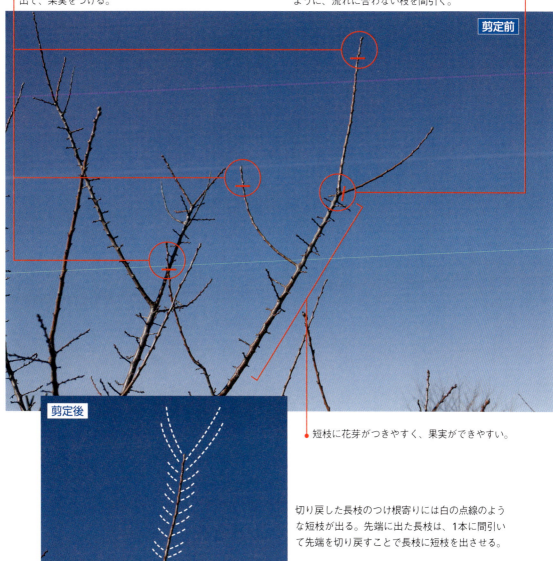

夏の剪定（5月下旬～6月）

からみ枝を間引く

樹形を乱すからみ枝は、つけ根で切り取る。

摘心をする

新梢に葉が15枚程度出たら、先端の芽を摘み取って成長を止め、果実がつく充実した短枝にする。

枝を間引く

樹冠内部に日が当たると果実がつく充実した短枝ができやすいため、混み枝を間引く。とくに新梢が1か所から多く出るので葉が触れ合わない程度に間引く。

下枝を整理する

樹形を乱す下枝をつけ根で切り取る。

冬の剪定（11月下旬～1月）

長枝の先端を切り戻す

長枝には花芽がつきにくい。長枝の先端を1/4程度切り戻すと、花芽がつく短枝が多く出る。

先端の枝を1本にする

各枝の先端付近の長枝をすべて残しておくと樹形が乱れるため、枝全体の流れに合わない枝はすべてつけ根で切り取る。

枝の更新

つけ根の短枝が枯れた枝は、つけ根で切り、近くの若い枝を育てることで枝を更新する。

下枝を整理する

樹形を乱す下枝はつけ根で切る。

剪定・管理のポイント

- 夏の剪定では、風通しや日当たりをよくするために不要枝を間引く程度におさめ、樹形を小さくする場合は冬に大きな枝を剪定する。ただし、翌年の花・実のつきは悪くなる。
- 日陰や湿地を嫌うので、日当たりと水はけのよい場所に植えつける。
- 冬の剪定では、短枝につく花芽をなるべく落とさないように注意する。
- 果実は、梅酒やジュースにする場合は青いうちに、梅干しにする場合には黄色く色づいてから収穫するとよい。
- カイガラムシ、イラガ、アブラムシなどの害虫がつきやすいので、定期的に薬剤散布をするとよい。

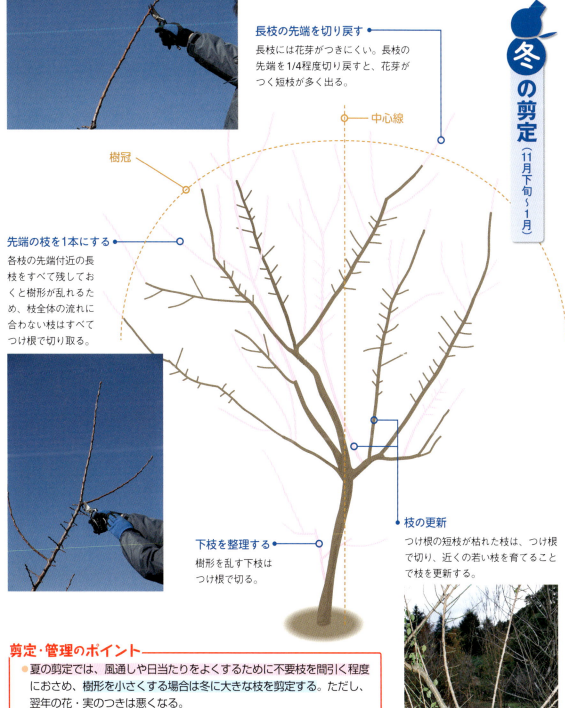

オオデマリ

スイカズラ科　ガマズミ属

「ヤブデマリ」の園芸品種で古くから栽培されています。アジサイに似た球状で、やや緑がかった装飾花が初夏に咲きます。樹形はあまりととのわず、株立ち状となります。土質はとくに選びませんが、日当たりと水はけのよい肥沃な土地を好みます。夏場の水切れには注意が必要です。

月	1	2	3	4	5	6	7	8	9	10	11	12
花期				■	■							
花芽分化期							■	■				
剪定期	■	■			■	■					■	■

基本データ

落葉低木

樹形・大きさ

株立ち

1.5～3m

花色：○

実色：—

主な仕立て方

株立ち

耐陰性：普通

耐寒性：強

剪定回数：夏1回・冬1回

夏の剪定（5月下旬～6月）

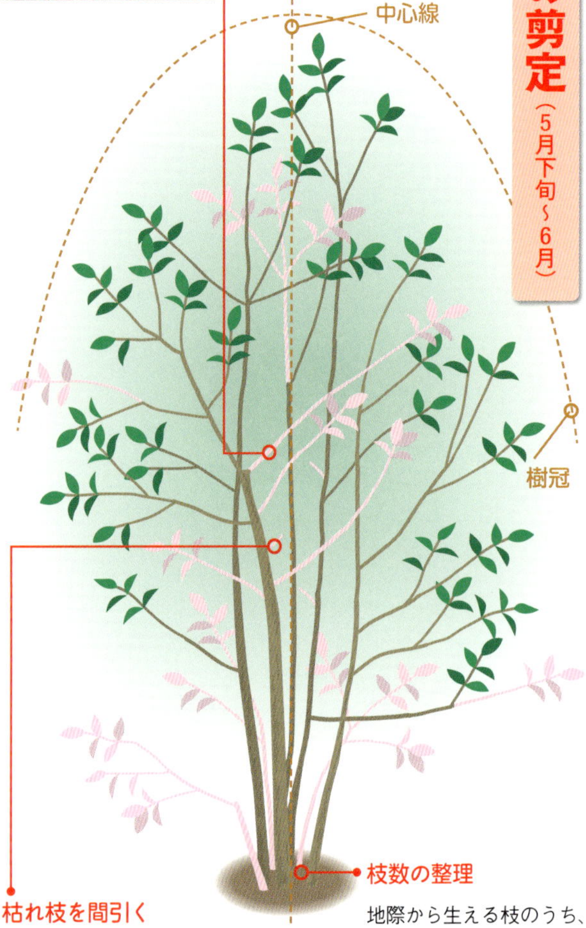

中心線
樹冠

からみ枝を間引く

木の内側に向かって伸び、ほかの枝にからんでいる枝を、つけ根から間引く。

枯れ枝を間引く

枯れた枝はつけ根から切り取る。手で折れる場合は折り取ってもよい。

枝数の整理

地際から生える枝のうち、からんでいる枝、小さく細い枝などを間引き、株全体を整理する。

花芽のつき方

夏に短枝の中央から先端にかけての葉のつけ根に花芽がつきます。翌年の春にそこから短枝が伸びて先端に花がつきます。

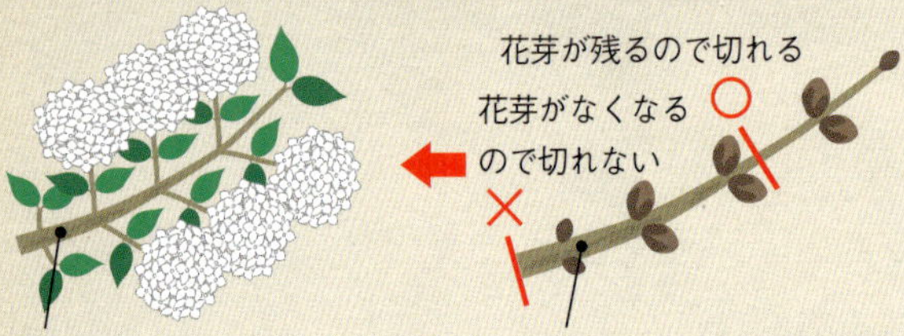

花芽が残るので切れる
花芽がなくなるので切れない

翌年の4～5月に花芽から短枝が伸び、その先端に花がつく

短枝の中央～先端に花芽がつく（7～8月上旬）

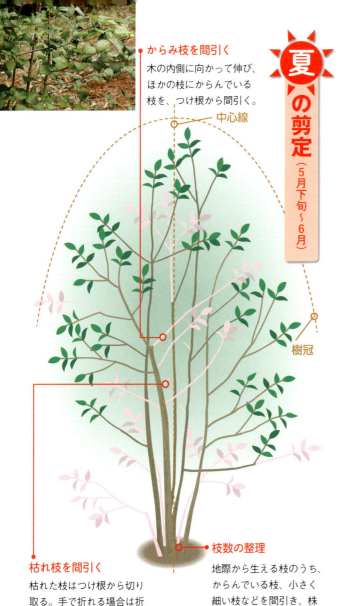

冬の剪定（11～2月）

樹冠からはみ出た枝を間引く

中心線を設定し、それを中心にバランスよく樹冠を決め、樹冠から出た枝を間引く。

全体をコンパクトにする

長く伸びる枝を切りつめて全体を小さくする。

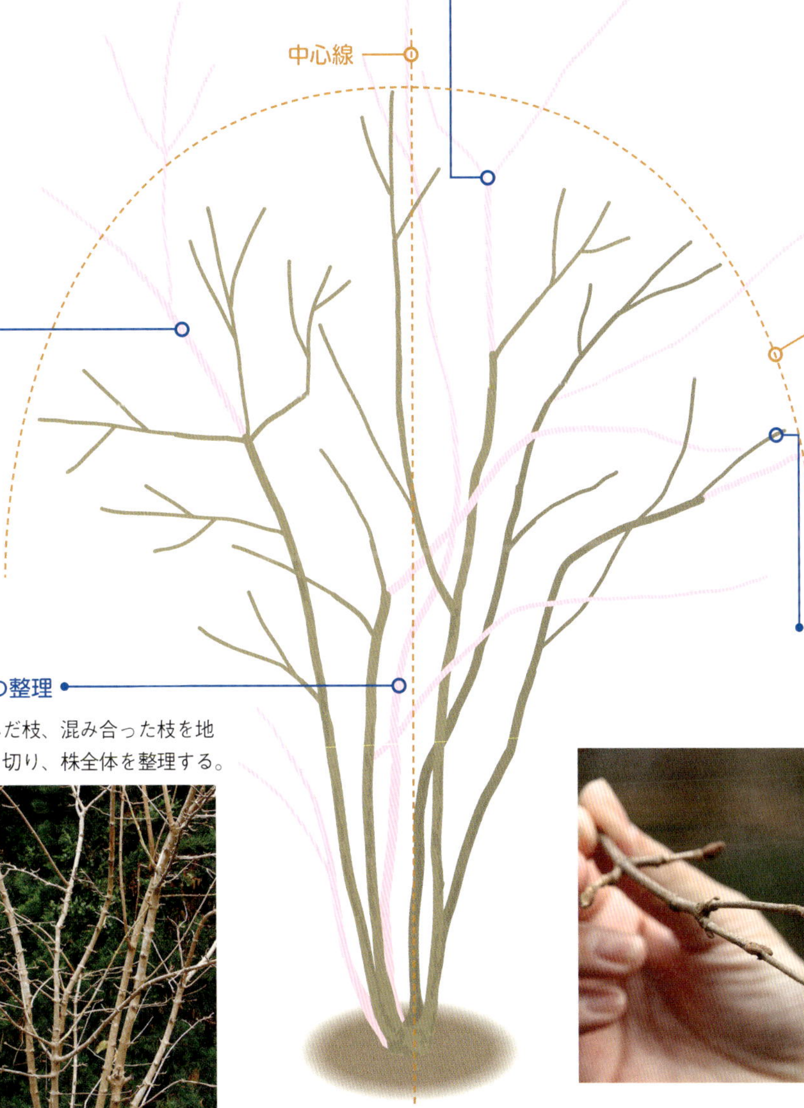

花芽を残す

花芽は短枝につくので、残す花芽を確認しながら枝を切る。長枝には花芽はつかない。

枝数の整理

からんだ枝、混み合った枝を地際から切り、株全体を整理する。

剪定・管理のポイント

- 夏には不要枝を間引き、冬は太い枝を切って樹形をコンパクトにする。
- 夏に花芽ができるので、花を楽しみたい場合は、冬の剪定で短枝を切らないようにする。
- 開花した枝には花芽がつかないので、花が咲き終わったら切る。

カキ

カキノキ科　カキノキ属

秋にオレンジ色の実をたわわにならせる、日本を代表する果樹のひとつです。品種はとても多く、大きくアマガキとシブガキに分けられます。アマガキの実は生食できますが、シブガキの実は渋抜きをしてからでないと食べられません。5月ごろに黄緑色の花を咲かせます。

月	1	2	3	4	5	6	7	8	9	10	11	12
花期					■							
花芽分化期							■					
剪定期	■	■	■			■					■	■

基本データ

落葉高木

樹形・大きさ

半球形

5～10m

花色：●

実色：●

主な仕立て方

半球形

耐陰性：やや弱

耐寒性：普通

剪定回数：夏1回・冬1回

夏の剪定（6月）

剪定前

剪定後

枝を間引く

カキは、一か所から何本もの枝が出て葉が混み合う（写真上）ので、葉が触れ合わない程度につけ根から間引く（写真下）。

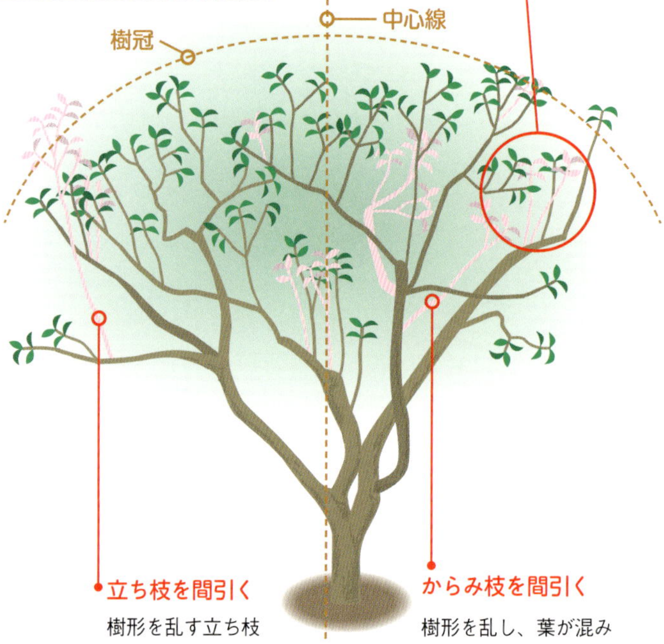

中心線
樹冠

立ち枝を間引く

樹形を乱す立ち枝をつけ根で切り取る。

からみ枝を間引く

樹形を乱し、葉が混み合う原因となるので、つけ根から間引く。

花芽の位置

夏に短枝の先端付近に花芽がつき、翌年の春に開花します。

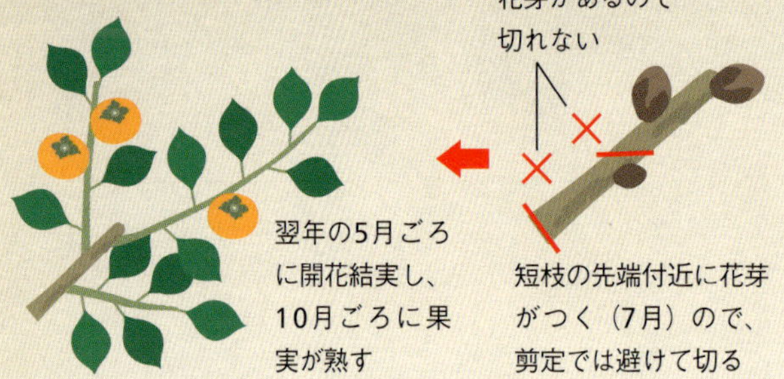

花芽があるので切れない
翌年の5月ごろに開花結実し、10月ごろに果実が熟す
短枝の先端付近に花芽がつく（7月）ので、剪定では避けて切る

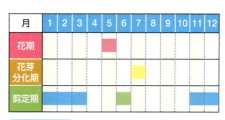

冬の剪定（11～3月）

先端の枝を1本にする

太い枝の枝先からは数本の枝が出ており、残しておくと樹形が乱れるので、つけ根で切り取る。

高さをおさえる

大きくなりすぎると管理が難しくなるため、高くなりすぎないように、高い枝をつけ根から切り取る。

混み枝を間引く

1か所から数本の枝が出やすいので、混み合わないように間引く。

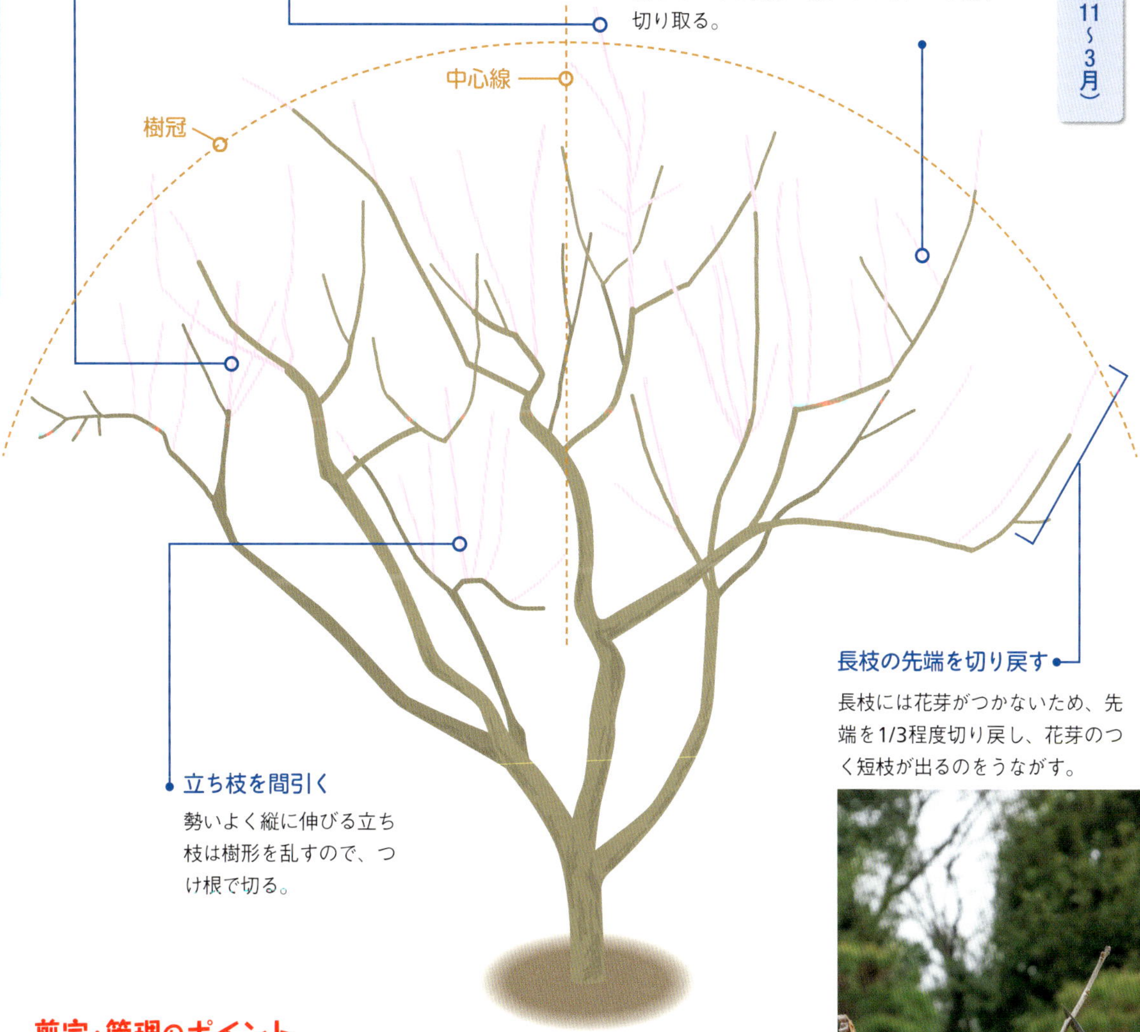

長枝の先端を切り戻す

長枝には花芽がつかないため、先端を1/3程度切り戻し、花芽のつく短枝が出るのをうながす。

立ち枝を間引く

勢いよく縦に伸びる立ち枝は樹形を乱すので、つけ根で切る。

剪定・管理のポイント

- 夏の剪定では、不要枝や混み枝を間引く程度におさめ、冬には、長枝の先端を切り戻して短枝が出るのをうながす。
- 果実の収穫を多くしたい場合には、花芽のつく短枝が多く出るように剪定するとよい。
- 隔年結果（実が多くつく年とあまりつかない年が交互にくること）が起こりやすいので、毎年実を楽しみたい場合は、葉25枚に対して実が1つになるように、7月ごろに摘果をするとよい。
- 摘果で残した果実に養分を集中させ、充実した果実を収穫する。

コデマリ

バラ科　シモツケ属

中国原産の花木で、寒さや病害虫に強く、丈夫で育てやすい樹木です。4～5月、たくさんの白い小さな花が半球状に集まり、枝先に多数つきます。花のついた枝は花の重みでアーチ状に枝垂れます。樹高はそれほど高くなりませんが、しなやかな枝を広げるように育つため大株になります。

月	1	2	3	4	5	6	7	8	9	10	11	12
花期				■	■							
花芽分化期								■	■	■		
剪定期	■	■				■					■	■

基本データ

落葉低木

樹形・大きさ

株立ち

1～1.5m

花色：○

実色：●

主な仕立て方

株立ち

耐陰性：弱

耐寒性：強

剪定回数：夏1回・冬1回

夏の剪定（6月）

樹冠から出た枝を間引く

樹冠からはみ出た枝は、つけ根から間引いて、樹冠をととのえる。

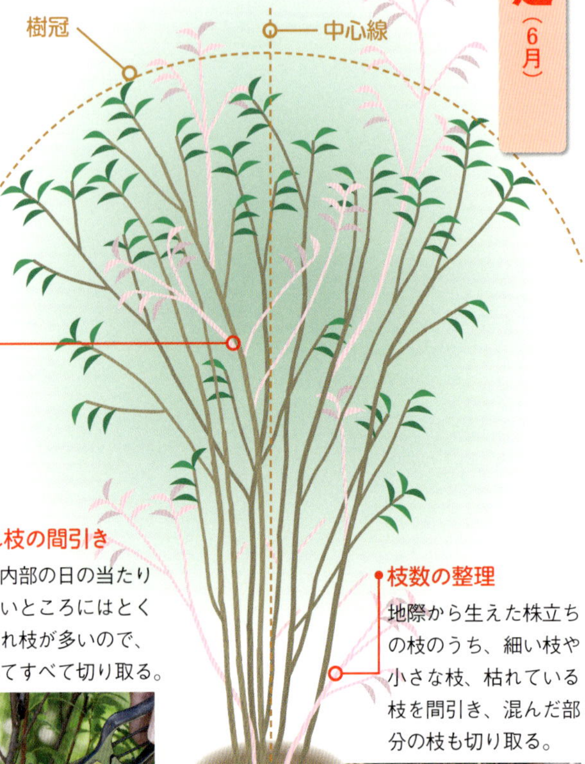

樹冠
中心線

枯れ枝の間引き

樹冠内部の日の当たりにくいところにはとくに枯れ枝が多いので、探してすべて切り取る。

枝数の整理

地際から生えた株立ちの枝のうち、細い枝や小さな枝、枯れている枝を間引き、混んだ部分の枝も切り取る。

花芽の位置

夏に葉のつけ根に花芽がつき、翌年の春に花芽から少し枝を伸ばしてその先に開花します。

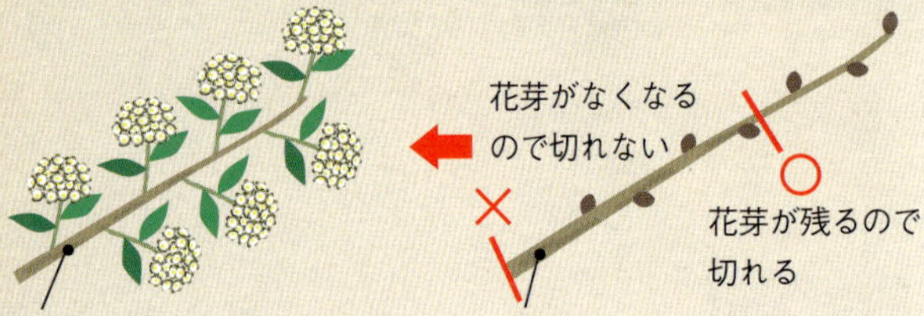

花芽がなくなるので切れない
花芽が残るので切れる
翌年の4～5月に花芽から少し枝を伸ばして開花する
葉のつけ根に花芽がつく（8月下旬～10月上旬）

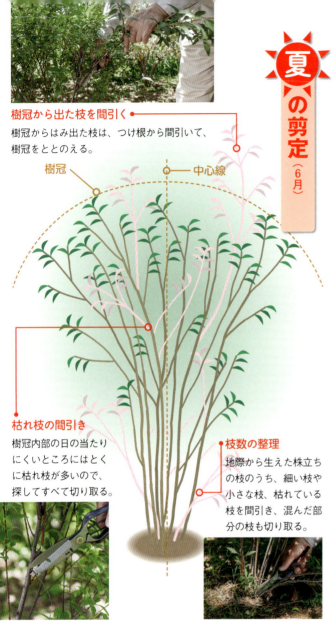

からみ枝を間引く

樹形を乱すからんだ枝をつけ根から間引く。

樹冠から出た枝を切り戻す

花芽がついているので、原則的に枝先は切らないが、樹形をととのえたい場合には、樹冠から出た枝を切り戻す。

長枝を間引く

長枝には、花芽がつかないので、つけ根から切り取る。

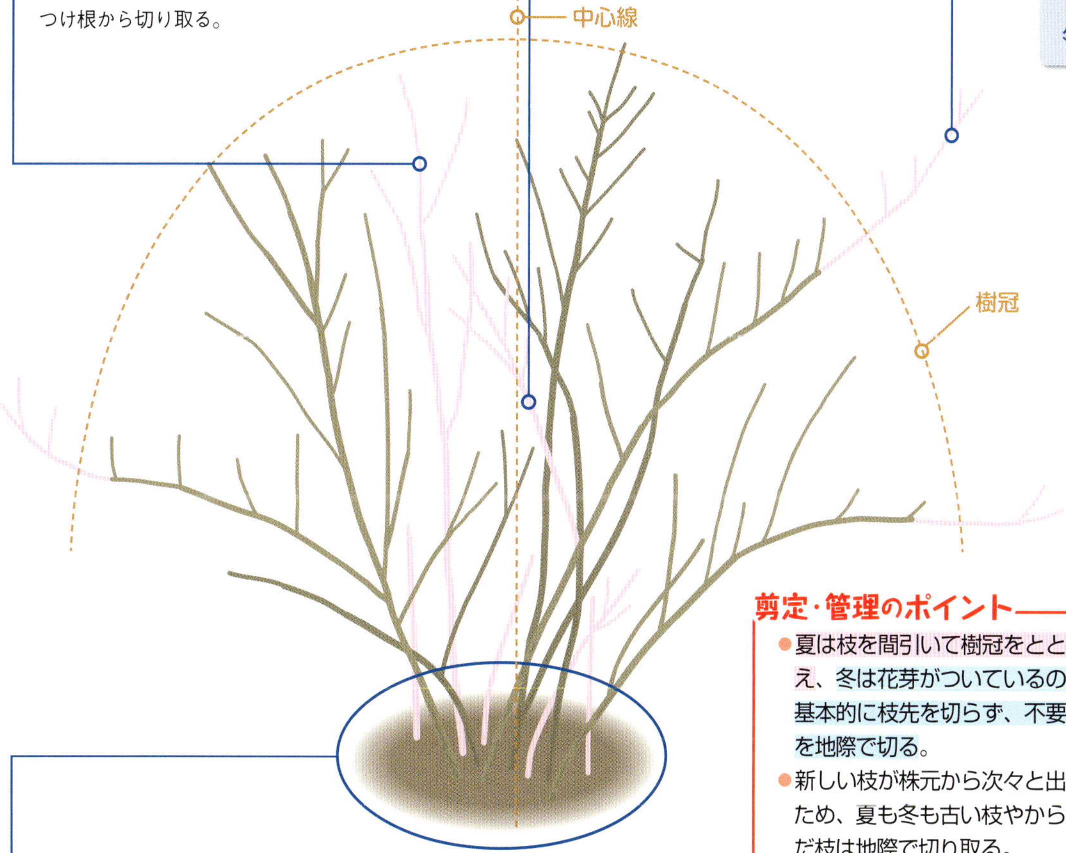

株立ちする枝を整理する

混み合った部分の小さな枝は間引いて枝を減らす。写真右の剪定前から写真左程度の枝数に減らしてよい。

剪定・管理のポイント

- 夏は枝を間引いて樹冠をととのえ、冬は花芽がついているので基本的に枝先を切らず、不要枝を地際で切る。
- 新しい枝が株元から次々と出るため、夏も冬も古い枝やからんだ枝は地際で切り取る。
- 4～5年に1度、花が咲いた後にすべての枝を地際で切れば樹形をコンパクトに仕立てられる。

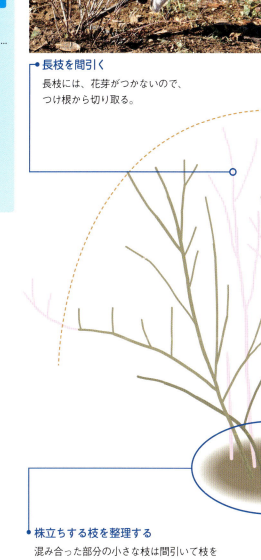

夏の剪定（4～6月）

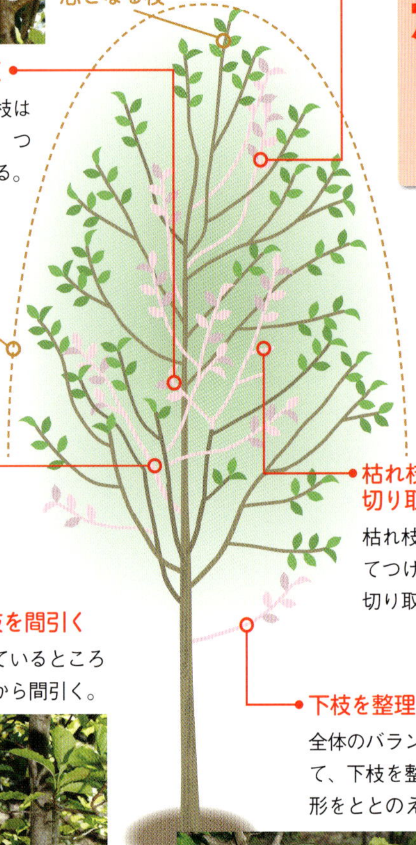
芯となる枝
樹冠

車枝を間引く
1か所から複数の枝が出る車枝は、枝が混む原因となるのでつけ根で切り取る。

内向枝を間引く
内向きに伸びた枝は樹形を乱すため、つけ根から切り取る。

枯れ枝を切り取る
枯れ枝はすべてつけ根から切り取る。

混み合った枝を間引く
葉が混み合っているところの枝をつけ根から間引く。

下枝を整理する
全体のバランスを見て、下枝を整理して形をととのえる。

花芽の位置

夏に短枝の先端に花芽がつき、翌年の春に開花します。

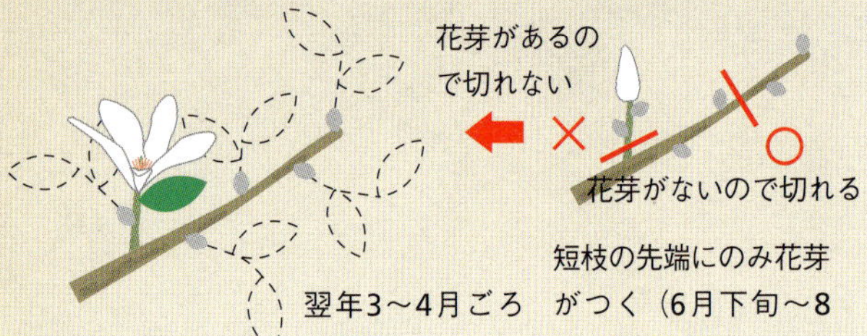
花芽があるので切れない
×
○
花芽がないので切れる
翌年3～4月ごろに開花する
短枝の先端にのみ花芽がつく（6月下旬～8月上旬）

コブシ

モクレン科　モクレン属

丘陵や山地などに自生し、庭木や街路樹、公園樹などとして広く植栽されます。春、モクレンの花よりもわずかに早く、葉の展開に先立って枝先に白色の花を数多くつけます。花びらは6枚、花の下には小さな葉が1枚つきます。丈夫で成長が早く、芽吹きもよいため育てやすい樹木です。

月	1	2	3	4	5	6	7	8	9	10	11	12
花期			■	■								
花芽分化期						■	■	■				
剪定期	■	■		■	■	■						■

基本データ

落葉小高木

樹形・大きさ

卵形
3～10m

花色：○
実色：●

主な仕立て方

卵形
株立ち
スタンダード

耐陰性：普通
耐寒性：強
剪定回数：夏1回・冬1回

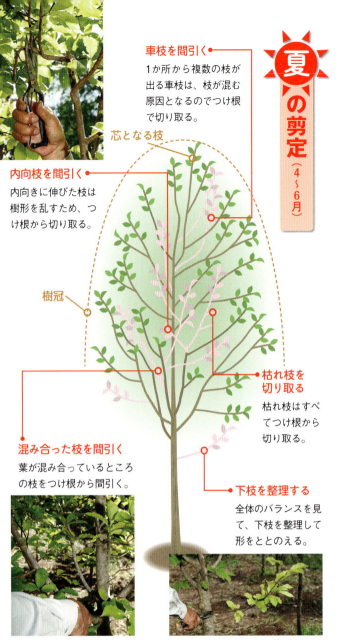

冬の剪定（12月下旬～2月上旬）

樹形をととのえる

芯となる枝以外の長い枝は先を切って樹形をととのえる。

花芽を残す

花芽（写真）は短枝の先端につくので、剪定の際には、目視で確認して落とさないようにする。

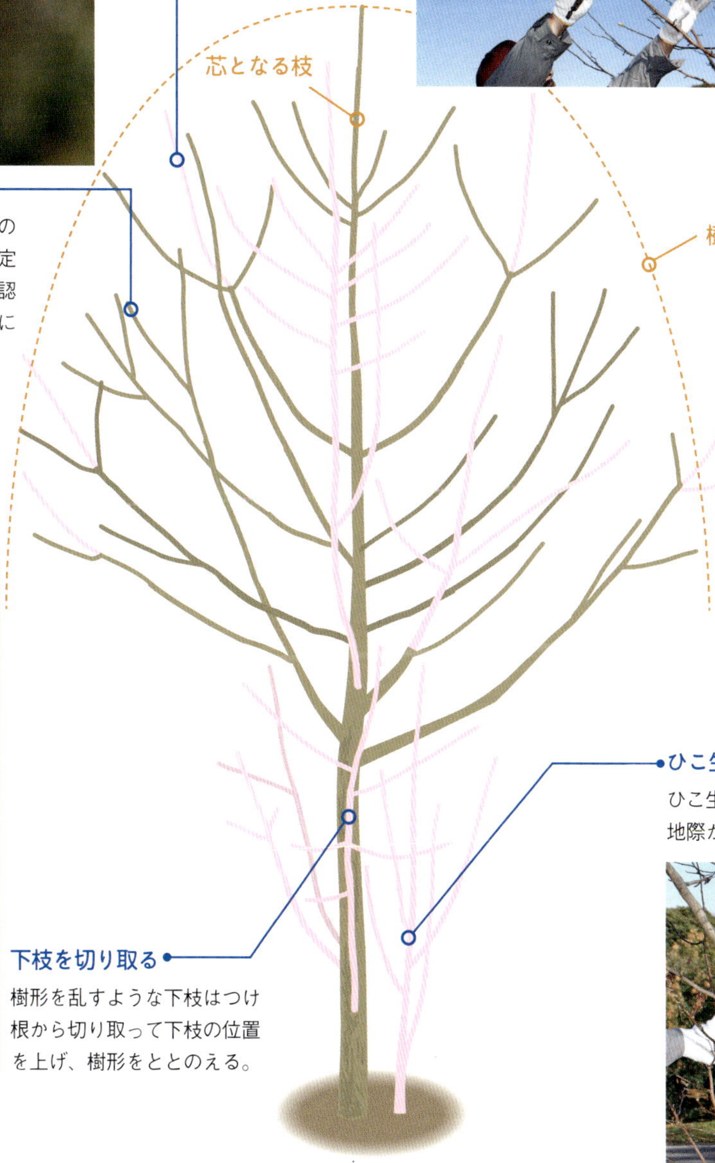

ひこ生えを切り取る

ひこ生えは樹形を乱すので、地際から切り取る。

下枝を切り取る

樹形を乱すような下枝はつけ根から切り取って下枝の位置を上げ、樹形をととのえる。

剪定・管理のポイント

- 夏には、自然樹形を生かすため、大きく手を入れることを避け、不要枝を切り取る剪定をし、樹形を作り直す剪定は冬にする。ただし、冬に多くの枝を切ると翌年の花数は少なくなる。
- 夏も冬も剪定は外側を向いた芽の先で切って、枝が広がるようにする。
- カイガラムシが発生することがあるので、見つけ次第ヘラなどでこそげ落とす。

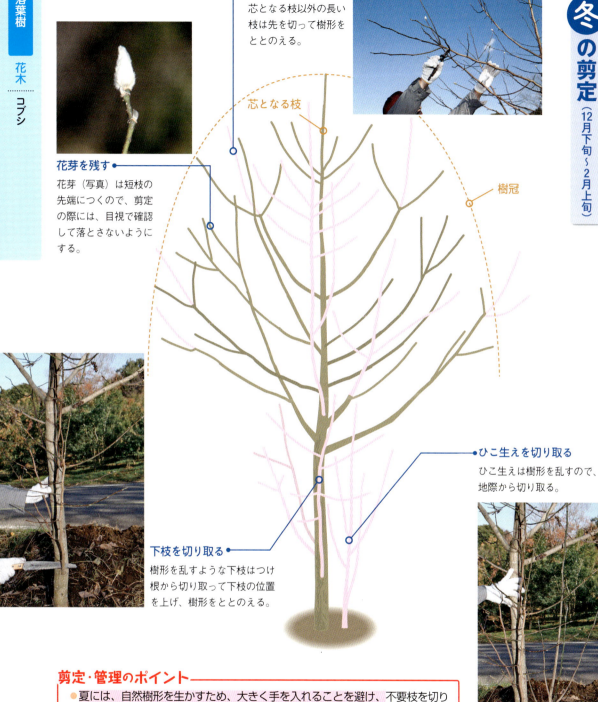

サクラ

バラ科　サクラ属

日本にはヤマザクラなどの自然種をはじめ、その変種や自然交配種を含めて100ほどの種類が野生しています。花だけでなく、秋には紅葉を楽しめるため、広く植栽されます。大きく育つため、スペースが限られる場合、マメザクラ（P.78）のような小形のものが向いています。

月	1	2	3	4	5	6	7	8	9	10	11	12
花期			■	■	■							
花芽分化期						■	■	■				
剪定期	■	■			■	■						■

基本データ

落葉高木

樹形・大きさ

卵形

2～20m

花色：●

実色：●

主な仕立て方

卵形

スタンダード

耐陰性：弱

耐寒性：普通

剪定回数：夏1回・冬1回

夏の剪定（5～6月）

枝を間引く

混み合った部分の枝を枝分かれの部分から切り取る。

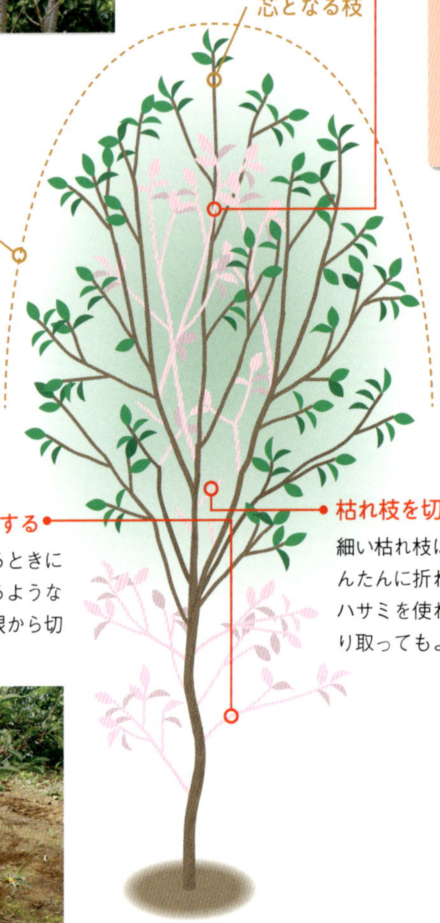
芯となる枝
樹冠

枯れ枝を切り取る

細い枯れ枝は手でかんたんに折れるので、ハサミを使わずに折り取ってもよい。

下枝を整理する

花を観賞するときにじゃまになるような下枝をつけ根から切り取る。

花芽の位置

夏に短枝の先端に花芽がつき、翌年の春に開花します。長枝に花芽はつきません。

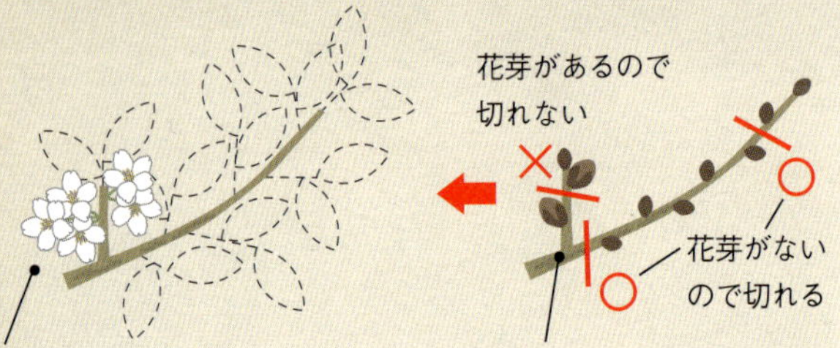
花芽があるので切れない
花芽がないので切れる
翌年の3月下旬～5月上旬に開花する
短枝に花芽がつく（6月下旬～8月上旬）

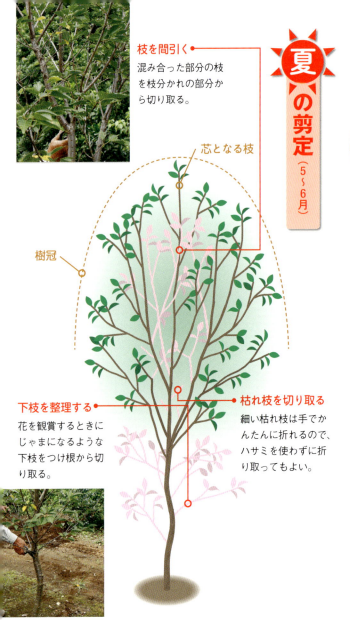

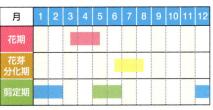

樹冠をととのえる

木が大きくなってから太い枝を切ると、そこから腐りやすいので、小さいうちに樹冠から出た枝を切っておく。

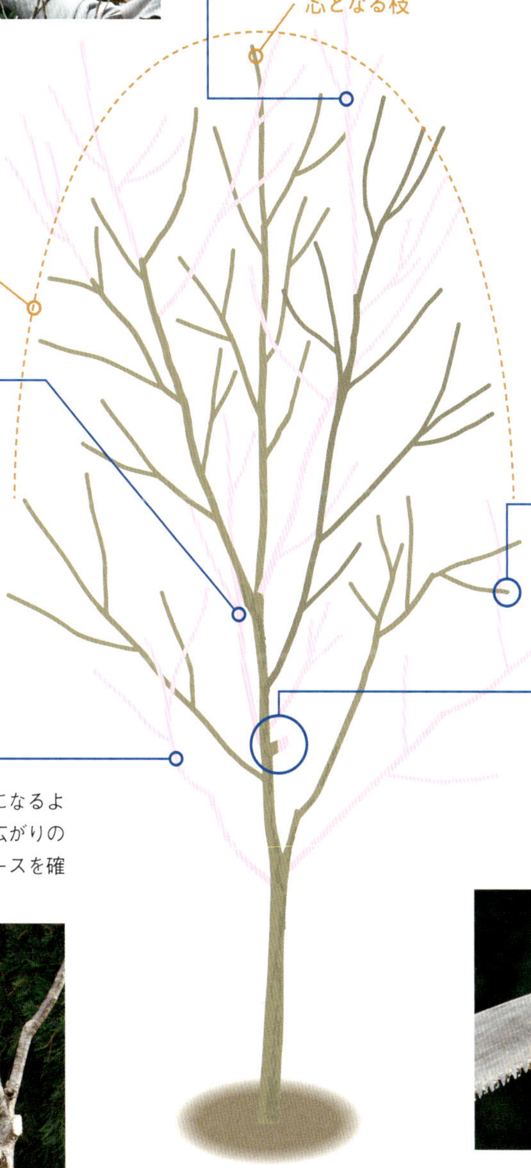
芯となる枝
樹冠

混み枝を間引く

混み枝は、樹形を乱す原因となるほか、夏に風通しが悪くなって病害虫の被害にあいやすくなるので、つけ根から間引く。

花芽
葉芽
花芽

花芽を残す

花芽は葉芽よりもやや丸みをおびるので、花芽がつく短枝を落とさないようにする。

切り残しを切りつめる

枝を切りつめる際、切り残しが長いとそこから枯れ込んでしまう。以前の剪定で長く切り残した部位がある場合、適切な位置まで短く切る。

下枝を落とす

花を観賞するためにじゃまになるような下枝を間引いて、枝の広がりの下に花見をするためのスペースを確保する。

剪定・管理のポイント

- 夏は混み枝を間引く程度の剪定におさめ、冬に太めの枝を切って樹形をととのえる。ただし太い枝を切りすぎると枯れることがある。
- 剪定を嫌うので、植えつけ後5年程度で基本的な樹形をととのえるとよい。
- 切り口から枯れ込みやすいため、枝をなるべく切り残さないようにする。
- 枝が多く出るので、夏も冬も不要枝は見つけ次第間引く。

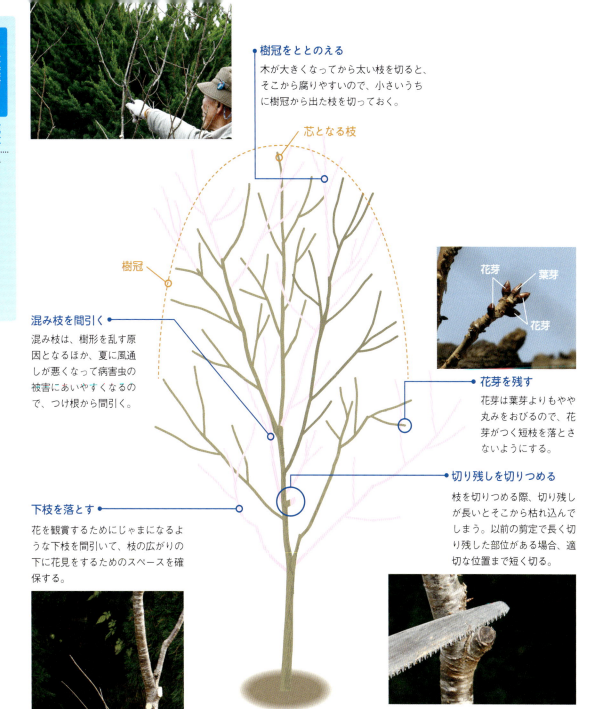

夏の剪定（9月）

花柄を摘む
咲き終わった花柄を残しておくと、種ができ、樹勢を弱める原因ともなるので、早めに摘み取る。

樹冠をととのえる
樹冠から出た枝をつけ根で切り取り、樹冠をととのえる。

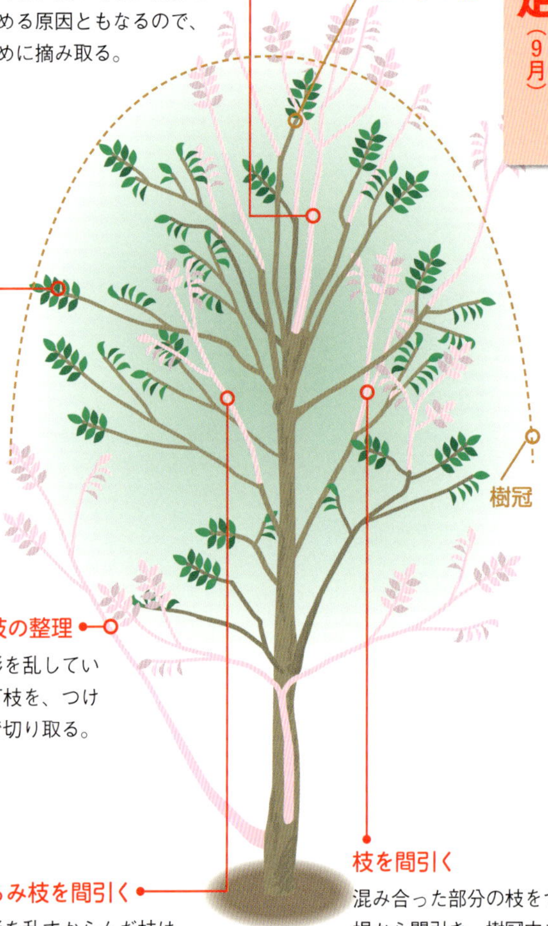

芯となる枝
樹冠

下枝の整理
樹形を乱している下枝を、つけ根で切り取る。

からみ枝を間引く
樹形を乱すからんだ枝は、つけ根から間引く。

枝を間引く
混み合った部分の枝をつけ根から間引き、樹冠内をすっきりさせる。

花芽の位置

初夏にその年に伸びた枝の先端に花芽がつき、その年の夏に開花します。

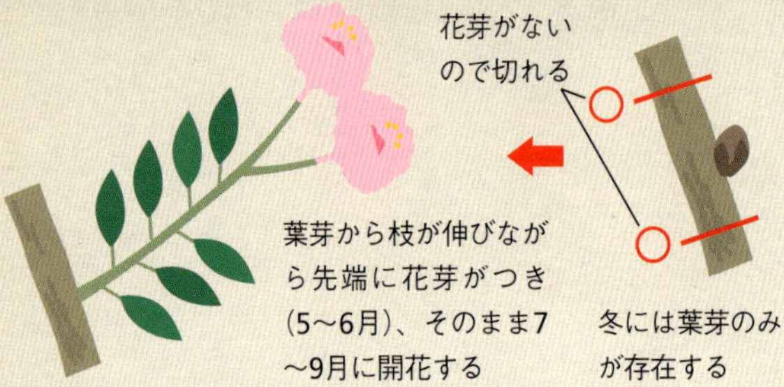

花芽がないので切れる
葉芽から枝が伸びながら先端に花芽がつき（5～6月）、そのまま7～9月に開花する
冬には葉芽のみが存在する

サルスベリ

ミソハギ科　サルスベリ属

幹に光沢があり、なめらかなことが名前の由来となっています。花期が長く、夏のはじめに咲きはじめた花は10月くらいまで見ることができ「百日紅（ヒャクジツコウ）」ともよばれます。花を観賞するだけでなく、葉を落とした冬期にも美しい幹肌と樹形を楽しむことができます。

月	1	2	3	4	5	6	7	8	9	10	11	12
花期							●	●	●			
花芽分化期					●	●						
剪定期	●	●	●						●			●

基本データ

落葉小高木
樹形・大きさ

半球形
3～5m

花色：（ピンク・白・紫）
実色：（黒褐色）

主な仕立て方

半球形

スタンダード

耐陰性：弱
耐寒性：強
剪定回数：夏1回・冬1回

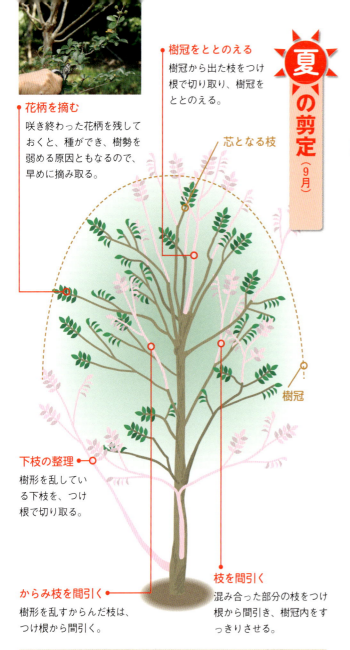

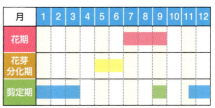

冬の剪定（11月下旬～3月）

剪定後

剪定前

樹冠をととのえる

樹冠から出た枝をつけ根で切り、樹冠をととのえる。

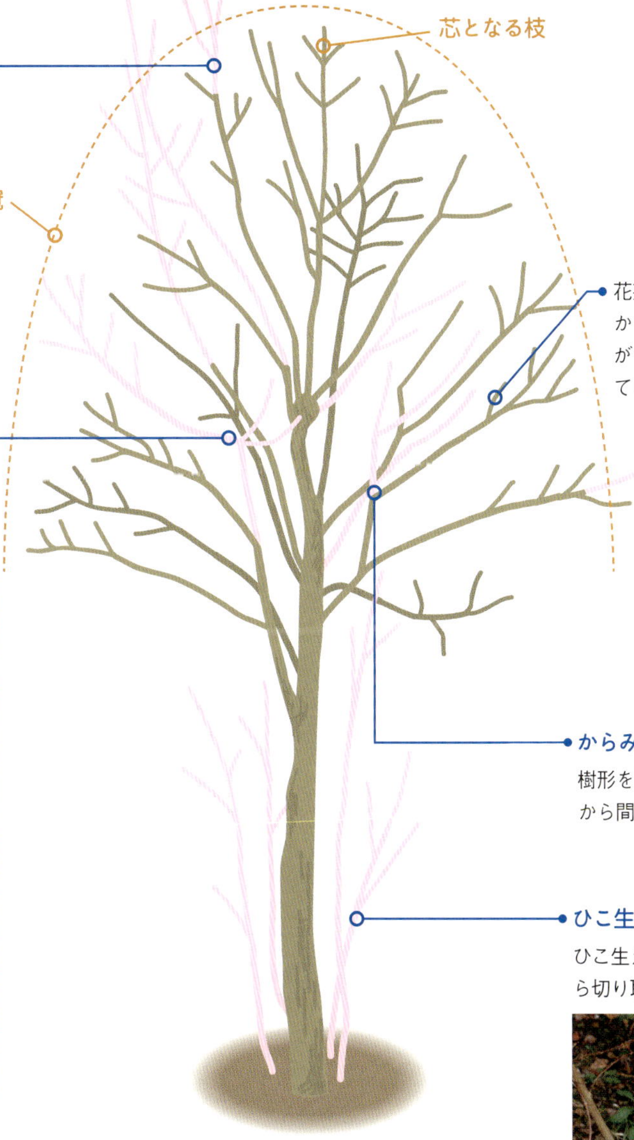
芯となる枝
樹冠

花芽は冬にはなく、翌年に葉芽から枝が伸びながら先端に花芽がつく。そのため、どこで切っても花芽が減ることはない。

枝を間引く

混んでいる部分の枝を間引く。

からみ枝を間引く

樹形を乱すので、つけ根から間引く。

ひこ生えを切り取る

ひこ生えは樹形を乱すので、地際から切り取る。

剪定・管理のポイント

- 夏は花柄摘みと混み枝の間引き、冬は太い枝を切って樹形をととのえる。萌芽力が強いので短く切りつめることができる。
- その年に伸びた枝に花がつくため、芽吹き前に剪定ができる。
- 毎年枝の同じところで切っていると、こぶ状に膨らんでくるので、数年に一度、こぶを切り落とす。
- うどんこ病が発生しやすいので定期的に薬剤を散布する。

サンシュユ

ミズキ科　サンシュユ属

中国～朝鮮半島原産で、江戸時代に薬用植物として日本に持ち込まれました。春、葉の展開に先立って、短枝の先に小さな淡黄色の花を多数集めてつけます。その花の姿からハルコガネともよばれます。秋には美しい赤い実をつけ、アキサンゴの名もあります。花は茶花としても利用されます。

月	1	2	3	4	5	6	7	8	9	10	11	12
花期			●	●								
花芽分化期						●	●					
剪定期	●	●		●	●							●

基本データ

落葉低木

樹形・大きさ

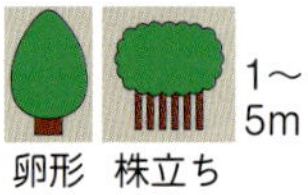

卵形
株立ち
1～5m

花色：●（黄）

実色：●（赤）

主な仕立て方

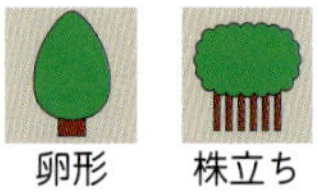

卵形
株立ち

耐陰性：弱

耐寒性：強

剪定回数：夏1回・冬1回

夏の剪定（4～5月）

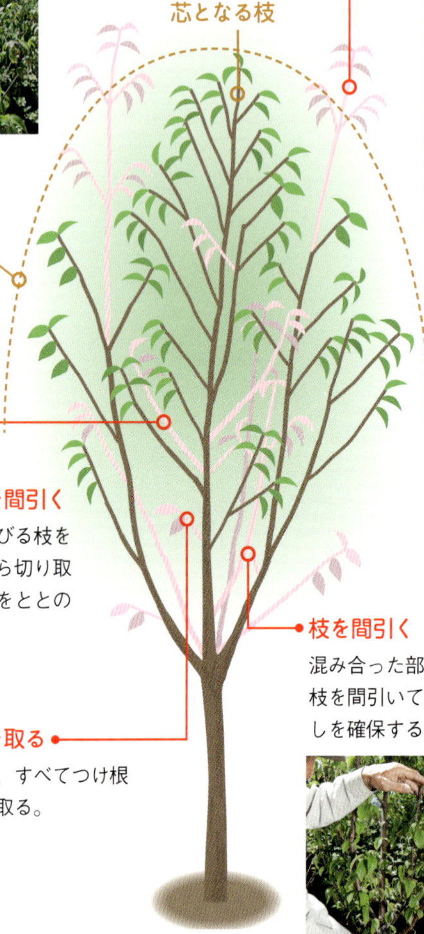

樹冠をととのえる
樹冠から飛び出た枝をつけ根で切り、樹形をととのえる。
芯となる枝
樹冠
平行枝を間引く
平行に伸びる枝をつけ根から切り取り、樹形をととのえる。
枝を間引く
混み合った部分の枝を間引いて風通しを確保する。
枯れ枝を取る
枯れ枝は、すべてつけ根から切り取る。

花芽の位置

初夏に短枝の先端に花芽がつき、翌年の春に開花します。長枝には花芽がつきません。

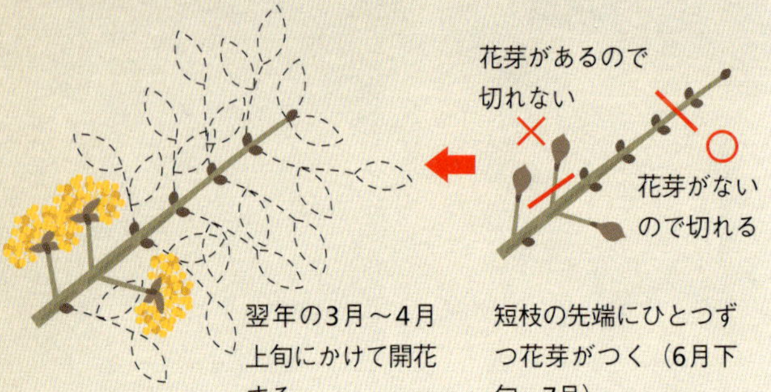

花芽があるので切れない
花芽がないので切れる
翌年の3月～4月上旬にかけて開花する
短枝の先端にひとつずつ花芽がつく（6月下旬～7月）

剪定後

剪定前

長枝を切り戻す

長枝には花芽がつかないため、全体のバランスを見ながら切り戻す。

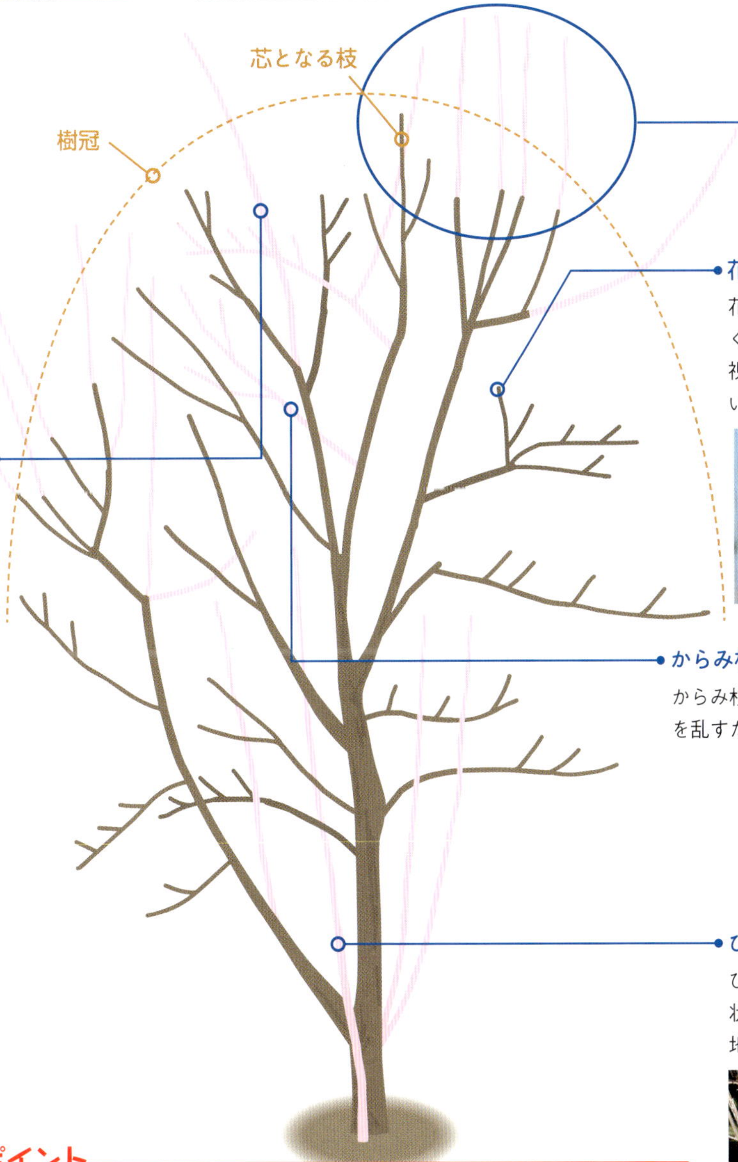
芯となる枝
樹冠

花芽を残す

花芽は短枝の先端につく。丸く大きいので目視で確認して落とさないように注意する。

樹冠をととのえる

樹冠から出た枝をつけ根で切り、樹冠をととのえる。

からみ枝を間引く

からみ枝などの不要枝は樹形を乱すため、つけ根で切る。

ひこ生えを間引く

ひこ生えが出て株立ち状になるので、すべて地際で切る。

剪定・管理のポイント

- 夏には不要枝などを間引き、太い枝を切って樹形を作り直す剪定は冬に行う。
- 地面から細いひこ生えが多く出て、放任すると樹形が乱れるので、夏でも冬でもすべて間引いて主幹1本にするとよい。
- 冬の剪定では花芽を落とさないように注意する（花芽は短枝にできる）。
- 冬には長枝や不要枝を切りつめて、花芽のつく短枝の発生をうながすとよい。
- 枝葉が混んで風通しが悪くなるとうどんこ病が発生するので、夏の剪定では枝を減らすことが大切。

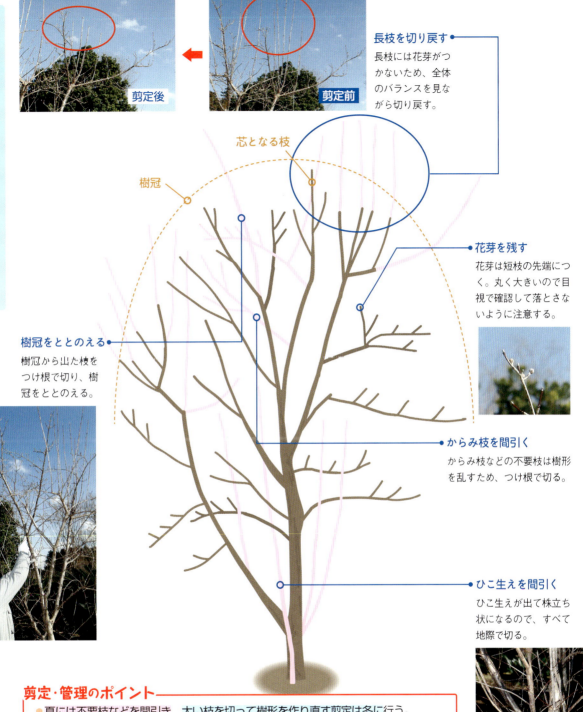

シモツケ

バラ科　シモツケ属

本州や四国、九州の山地の日当たりのよい、やや乾燥した場所に自生します。花は淡紅色〜濃紅色やまれに白色のものがあり、小さく多数が集まって咲きます。高さ1mほどになり、株立ち状に育ち、庭木や公園樹として植栽されるだけでなく、盆栽や寄せ植え、切り花にもされます。

月	1	2	3	4	5	6	7	8	9	10	11	12
花期						■	■					
花芽分化期				■	■							
剪定期	■	■	■					■				

基本データ

落葉低木

樹形・大きさ

株立ち
0.5〜1m

花色：● ○

実色：●

主な仕立て方

株立ち

耐陰性：普通

耐寒性：普通

剪定回数：夏1回・冬1回

夏の剪定（8月）

樹冠をととのえる

樹冠から大きく伸び出た枝を間引き、樹冠をととのえる。

花柄を摘む

花柄を残しておくと樹勢を弱らせる原因となるので、花柄がついている枝は樹冠内におさまるように切り戻す。

内部の枝を間引く

株の内側の枯れ枝や小さな枝を間引いて株内の風通しをよくする。

全体にひとまわり小さくなり、枝を間引いたことですっきりとした印象になっている。

花芽の位置

春に伸びた枝の先端に花芽がつき、その年の夏に開花します。

春に枝が伸びながら先端に花芽がつき（4〜5月）、開花する（6〜7月）

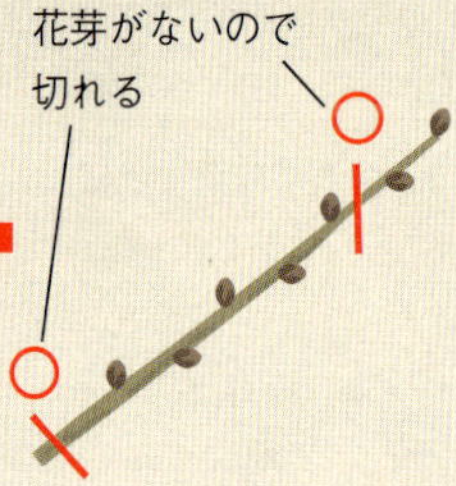

冬には花芽がないので、どこでも切ることができる

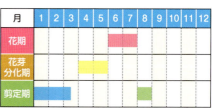

冬の剪定（1～3月上旬）

内部の枝を間引く

株の内側の混み合った枝やからんだ枝などの不要枝を間引き、株全体をすっきりとさせる。

株を小さくする

株立ちのもっとも外側の枝を地際から間引いていき、株全体がひとまわり小さくなるようにする。

剪定・管理のポイント

- 夏は花柄摘みと混み枝の間引き、冬は株の周囲の枝を減らして株全体を小さくする剪定をする。
- 夏の剪定は、花が咲き終わったらすぐに行うと翌年の開花に影響がない。
- 株元の細く弱々しい枝は枯れ込みやすいので、夏・冬ともに早めにつけ根から間引く。
- 4～5年に1度、冬に株元ですべての枝を切りつめると、株を若く保つことができる。
- うどんこ病が発生することがあるので、枝を間引いて風通しをよくすることを意識する。

剪定前
中心線
樹冠

剪定後

株全体がコンパクトになり、枝を間引いたことで、風通しがよくなっている。

ジューンベリー

バラ科　ザイフリボク属

6月ごろに、赤いかわいらしい果実をつけることから、ジューン（6月）ベリー（和名はアメリカザイフリボク）とよばれています。果実は甘酸っぱく食用となり、果樹としての魅力があるのと同時に、花や葉の美しさ、紅葉も楽しめるため庭木としての魅力もある、人気の樹木です。

月	1	2	3	4	5	6	7	8	9	10	11	12
花期				■	■							
花芽分化期							■	■				
剪定期	■	■	■			■	■					■

基本データ

落葉高木

樹形・大きさ

卵形　株立ち　3～10m

花色：○

実色：●

主な仕立て方

卵形　株立ち

耐陰性：やや弱

耐寒性：普通

剪定回数：夏1回・冬1回

夏の剪定（6月下旬～7月上旬）

樹冠をととのえる
樹冠から出た枝をつけ根で切って、樹冠をととのえる。

からみ枝を間引く
樹形を乱すからみ枝をつけ根で切り取る。

株立ちする枝数を減らす
株立ちする枝のうち、からんだ枝や混み合った枝を間引いて、枝数を減らす。

内向枝を間引く
樹形を乱し、葉が混み合う原因ともなるので、つけ根で切る。

花芽の位置

夏に短枝の先端に花芽がつき、翌年の初夏に開花します。

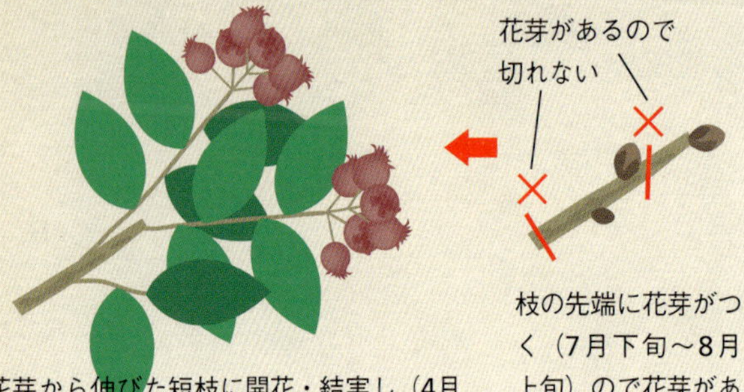

花芽から伸びた短枝に開花・結実し（4月下旬～5月上旬）、6月ごろに果実が熟す

枝の先端に花芽がつく（7月下旬～8月上旬）ので花芽がある枝は残す

冬の剪定（12～3月）

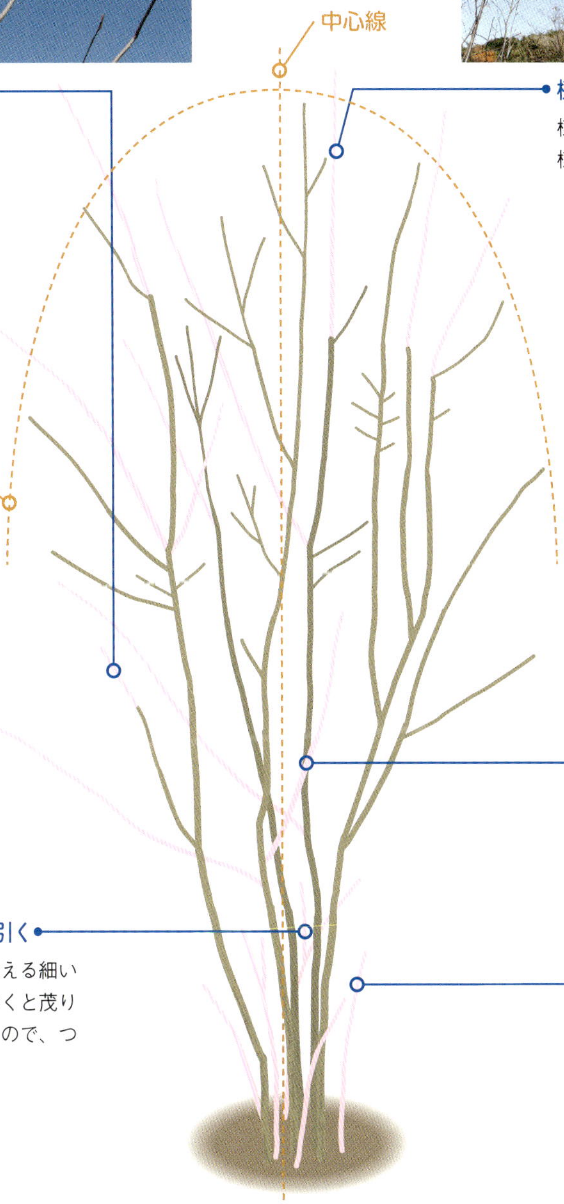

枝先を切り戻す

成長をうながしたい枝の先端を1/3程度切り戻す。枝の先端には花芽があるため、必要なところ以外は切らないようにする。

樹冠をととのえる

樹冠から出た枝を間引き、樹冠をととのえる。

からみ枝を間引く

樹形を乱すからみ枝を、つけ根で切り取る。

細い枝を間引く

幹から直接生える細い枝を残しておくと茂りすぎてしまうので、つけ根で切る。

ひこ生えを間引く

多くのひこ生えが出るので、すべて地際で切る。枝を若い枝に更新したい場合には、残してもよい。

剪定・管理のポイント

- 夏の剪定では、枝の間引きで風通しを確保し、冬の剪定では、枝先にある花芽を落としすぎないように、不要枝の間引きが基本となる。
- 強い西日が当たる場所に植えると、実つきが悪くなるので避ける。
- 4年以上果実をつけた枝は、果実がつきにくくなるので、冬に地際で切って、新たな枝を育てるとよい。
- 果実は、色が濃く、やわらかくなっていれば、収穫をする。

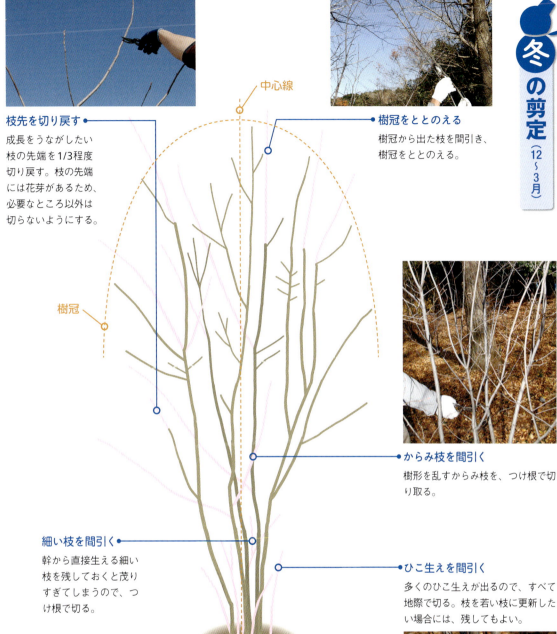

スモークツリー

ウルシ科　コティヌス属

ウルシの近縁種で、南ヨーロッパから中国にかけて広く分布します。雌雄異株で、雄花は、黄緑色をしています。いっぽう雌花は小さく目立ちませんが、花後、不稔花（ふねんし／種子を作らない花）の花柄が伸びて、離れて見ると煙のように見えます。ケムリノキ、ハグマノキともよばれます。

月	1	2	3	4	5	6	7	8	9	10	11	12
花期					■							
花芽分化期							■	■				
剪定期	■	■				■	■					■

基本データ

落葉小高木

樹形・大きさ

卵形

1.5～3m

花色：○●

実色：ー

主な仕立て方

卵形

耐陰性：弱

耐寒性：強

剪定回数：夏1回・冬1回

夏の剪定（6月下旬～7月上旬）

長枝を間引く

長枝が伸びやすいので、樹冠に合わせて切る。

芯となる枝
樹冠

枝を間引く

混み枝やからみ枝、内向枝などの不要枝をつけ根から切って内部の風通しをよくする。

下枝を整理する

過湿に弱いので、下枝を整理し、風通しをよくする。

花芽の位置

初夏に短枝の先端に花芽がつき、翌年の春に開花します。すべての短枝につくわけではなく、また長枝にも花芽はつきません。

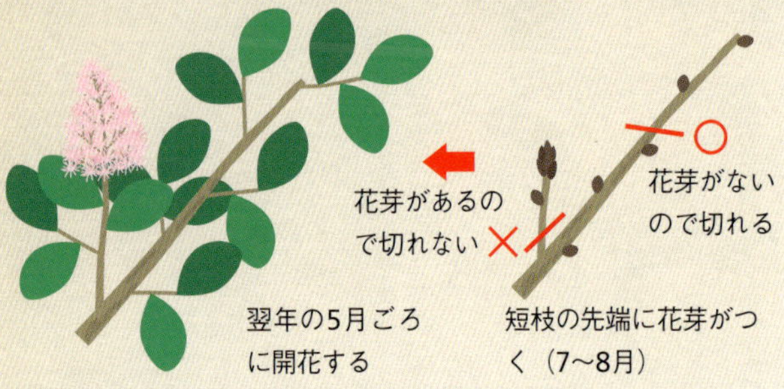

花芽があるので切れない
花芽がないので切れる
翌年の5月ごろに開花する
短枝の先端に花芽がつく（7～8月）

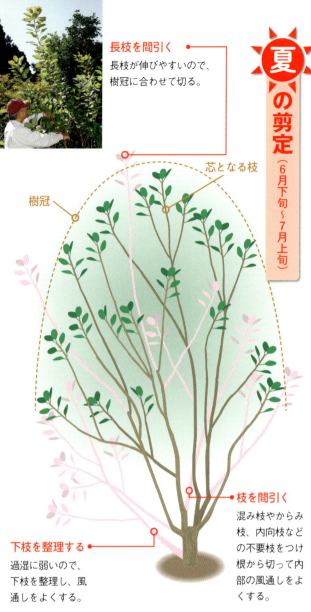

冬の剪定（12～2月）

長枝を間引く

長枝が発生し伸びやすいので、必要な枝以外はつけ根から切る。

樹冠をととのえる

中心線をもとに樹冠を設定し、樹冠から出た枝をつけ根から切り取る。

幹から生えた細い枝を間引く

株内の風通しをよくするため、幹から生えた細い枝をつけ根から切り取る。

剪定・管理のポイント

- 過湿に弱いので、夏の剪定では枝葉が混みすぎないように心がける。枝の先端に花芽がつくので、冬の剪定は枝の間引きを基本とする。
- 枝を短く切りつめても枯れないので、夏も冬も枝が少ない部分は芽の上の部分まで切り戻して枝の発生をうながし、樹形を作る。
- 冬に枝を短く切りつめて株を小さくすると翌年の花が咲かなくなるので、こまめな剪定を心がけてコンパクトな樹形を保つようにする。
- 勢いよく縦に伸びる徒長枝は、花が咲き終わったら切りつめるとよい。

ナツツバキ

ツバキ科　ナツツバキ属

シャラノキともよばれます。ツバキの仲間ですが、葉は肉厚でなく薄く、落葉します。夏に白い花が咲きます。樹皮は淡赤褐色ですが、古くなると薄くはがれて美しいまだら模様となります。すらっとした美しい樹形とともに秋の紅葉も観賞価値が高く、庭木として人気の樹木です。

月	1	2	3	4	5	6	7	8	9	10	11	12
花期						■	■					
花芽分化期							■	■				
剪定期	■	□	□					■		□	□	■

基本データ

落葉小高木

樹形・大きさ

卵形　株立ち　3～10m

花色：○

実色：●

主な仕立て方

卵形　株立ち

耐陰性：普通

耐寒性：強

剪定回数：夏1回・冬1回

夏の剪定（8月）

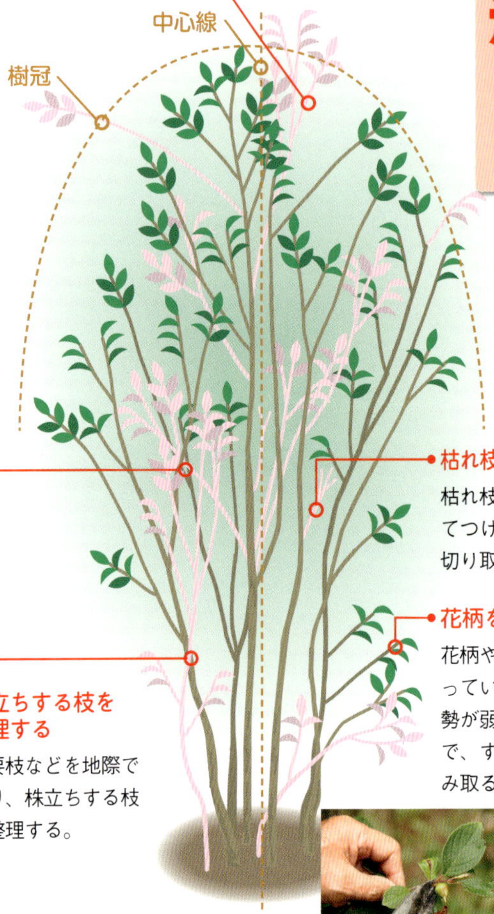

中心線
樹冠

枝を間引く
枝葉が混み合った部分の枝をつけ根から間引き、風通しを確保する。

樹冠をととのえる
中心線を中心に左右対称に樹冠を設定し、樹冠から出た枝を間引く。

枯れ枝を取る
枯れ枝はすべてつけ根から切り取る。

花柄を摘む
花柄や実が残っていると樹勢が弱まるので、すべて摘み取る。

株立ちする枝を整理する
不要枝などを地際で切り、株立ちする枝を整理する。

花芽の位置

夏に中程度～短い枝の先端付近に花芽がつき、翌年の夏に開花します。

花芽があるので切れない
花芽がないので切れる

翌年の春から夏に花芽から枝が伸び、葉のつけ根に6月下旬～7月上旬にかけて開花する

中程度～短い枝に花芽がつく（7月下旬～8月）

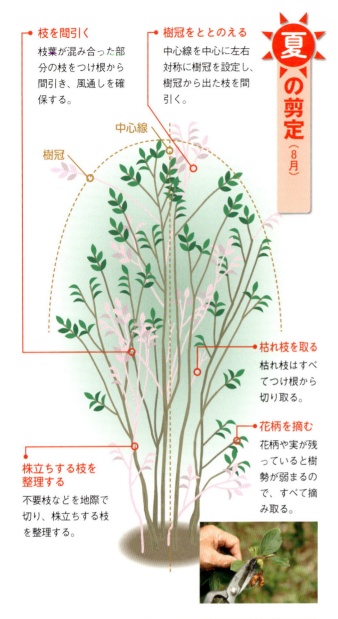

冬の剪定（12～1月）

混み枝を間引く

密に生えている部分の枝を間引いて、夏場の風通しを確保する。

樹冠をととのえる

中心線を決め、それを中心に左右対称に樹冠を設定し、樹冠から出た枝を間引く。

からみ枝を間引く

樹形を乱すからみ枝を、つけ根で切る。

幹から出る枝の角度が45度くらいになると美しくなる。

株立ちする枝を整理する

株立ちする枝のうち、からんだ枝や細く弱い枝を間引く。

剪定・管理のポイント

- 基本的に樹形がととのうので、あまり剪定を必要としないが、夏の剪定では花柄摘みと不要枝の間引き、冬の剪定では不要枝の間引きと樹形をコンパクトにする剪定をする。
- 幹から伸びる枝が幹に対して45度の角度だと美しく見えるので、立ちすぎている枝や寝すぎている枝を間引くとよい。
- チャドクガの発生に注意。定期的に薬剤散布をするか、見つけたら枝ごと切り落として焼却する。

ハギ

マメ科　ハギ属

北海道から九州の日当たりのよい山野に自生します。日本の秋の代表ともいえる樹木で、秋の七草のひとつとされます。ハギというのは総称で、代表的なヤマハギをはじめ、マルバハギ、ミヤギノハギ、ニシキハギなどがあります。紅紫色や白色の小さな蝶形花を多数つけます。

月	1	2	3	4	5	6	7	8	9	10	11	12
花期							■	■	■			
花芽分化期							■	■				
剪定期	■	■	■		■	■						■

基本データ

落葉低木

樹形・大きさ

株立ち

1～2m

花色：●○

実色：―

主な仕立て方

株立ち

耐陰性：普通

耐寒性：強

剪定回数：夏1回・冬1回

夏の剪定（5～6月）

枝を切り戻す

すべての枝を半分ほどの長さになるように切り戻す。切った部分からは再び枝が伸び、花がつく。

内部の枝を間引く

からんだ枝や混み合った枝、細い枝を地際で切り取り、風通しをよくする。

花芽の位置

初夏に枝の先端付近に花芽がつき、夏に開花します。冬に花芽はありません。

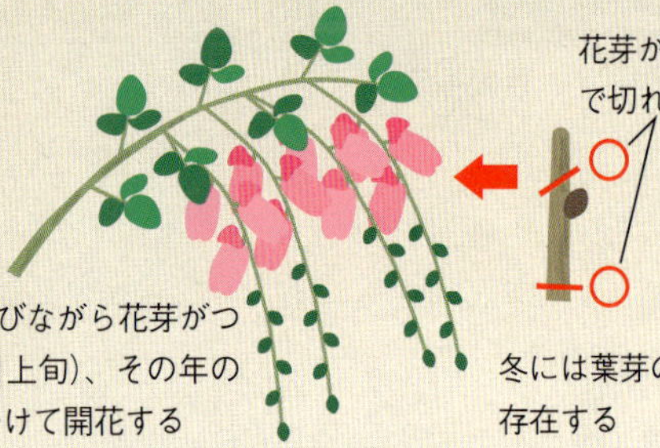

花芽がないので切れる

春に枝が伸びながら花芽がつき（7～8月上旬）、その年の7～9月にかけて開花する

冬には葉芽のみが存在する

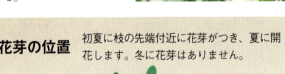

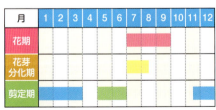

枝を切り戻す

株全体の枝を、地際から10cmほどのところですべて切り戻す。株中央の枝を周囲よりやや長めに切ると、翌年の樹形が美しくととのう。

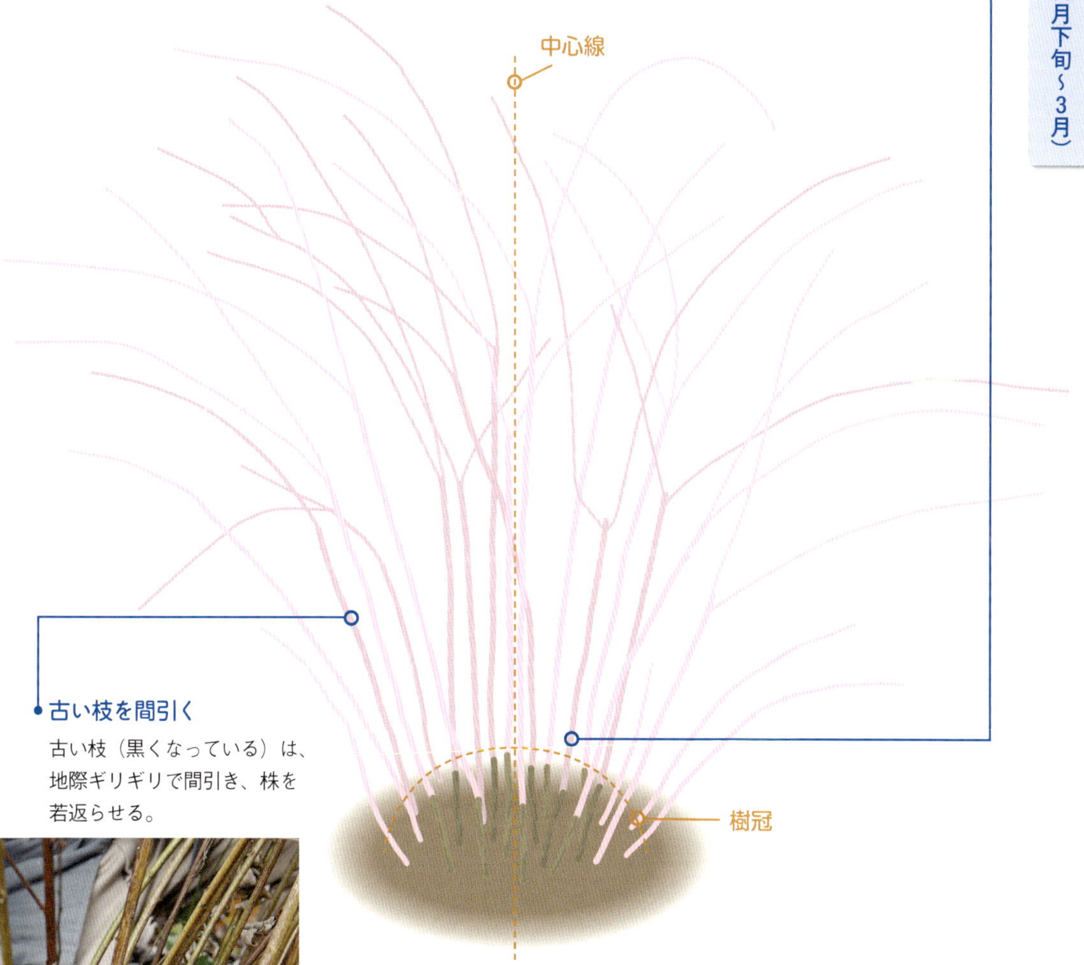

古い枝を間引く

古い枝（黒くなっている）は、地際ギリギリで間引き、株を若返らせる。

剪定・管理のポイント

- 夏に剪定をしても、その後に伸びた枝に花芽がついて開花するため、開花に影響はない。株が大きくなるので短めに切っておくとよい。ただし、花期がやや遅れることがある。
- 成長が早く株が大きく育つので、冬には大きく切り戻し、すべての枝を10cmほどの長さに切る剪定をする。
- 刈り取った枝は、冬囲い（寒さから守るために樹木にワラなどを巻きつけること）の材料として利用できる。

ハナミズキ

ミズキ科　ミズキ属

サクラの花が咲き終わるころ、葉の展開よりやや先に一斉に花を開きます。４枚の花弁のように見えるのは葉が変形したもので、その中心に20個ほどの小花が球形に集まってつきます。アメリカ原産で和名はアメリカヤマボウシです。秋には紅葉し、赤い実を楽しむこともできます。

月	1	2	3	4	5	6	7	8	9	10	11	12
花期												
花芽分化期												
剪定期												

基本データ

落葉小高木

樹形・大きさ

卵形

3～10m

花色：

実色：

主な仕立て方

卵形
株立ち
スタンダード

耐陰性：弱

耐寒性：強

剪定回数：夏1回・冬1回

夏の剪定（5～6月）

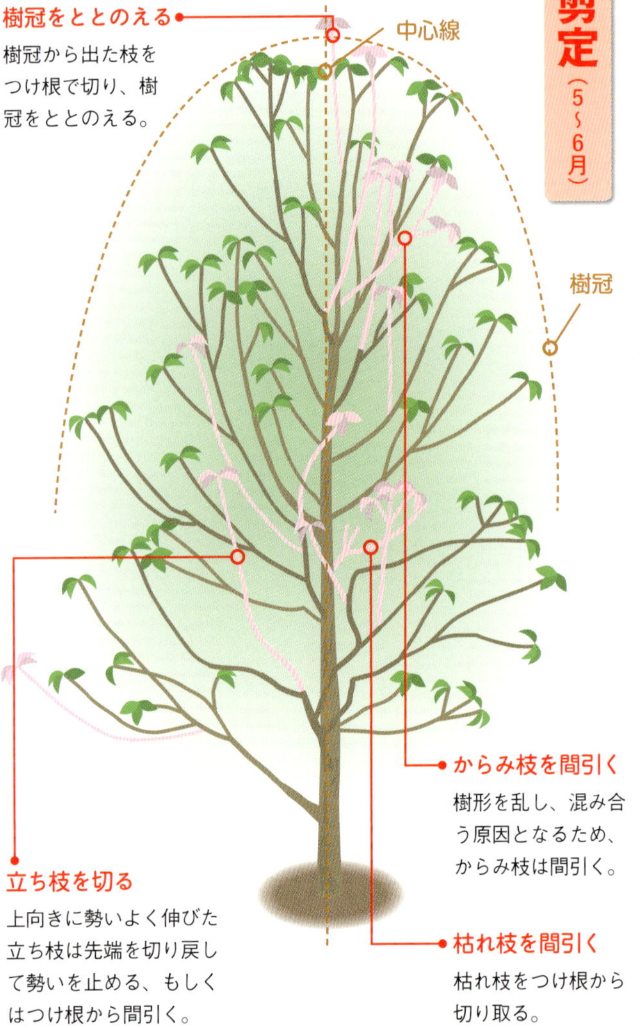

樹冠をととのえる
樹冠から出た枝をつけ根で切り、樹冠をととのえる。
中心線
樹冠
からみ枝を間引く
樹形を乱し、混み合う原因となるため、からみ枝は間引く。
立ち枝を切る
上向きに勢いよく伸びた立ち枝は先端を切り戻して勢いを止める、もしくはつけ根から間引く。
枯れ枝を間引く
枯れ枝をつけ根から切り取る。

花芽の位置

夏に太く短い枝の先端に花芽がつき、翌年の春に開花します。

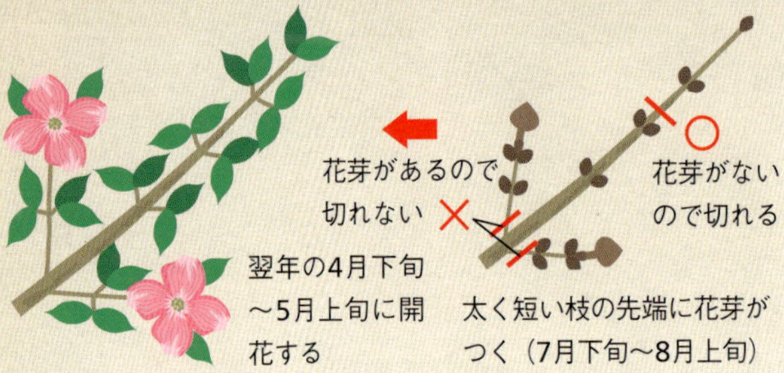

花芽があるので切れない
花芽がないので切れる
翌年の4月下旬～5月上旬に開花する
太く短い枝の先端に花芽がつく（7月下旬～8月上旬）

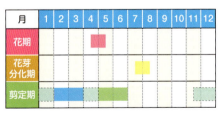

冬の剪定（2～3月）

樹冠をととのえる

樹冠から出た枝をつけ根で切り、樹冠をととのえる。

樹形をととのえる

主幹を切ったので、周囲の枝もバランスを見て切る。

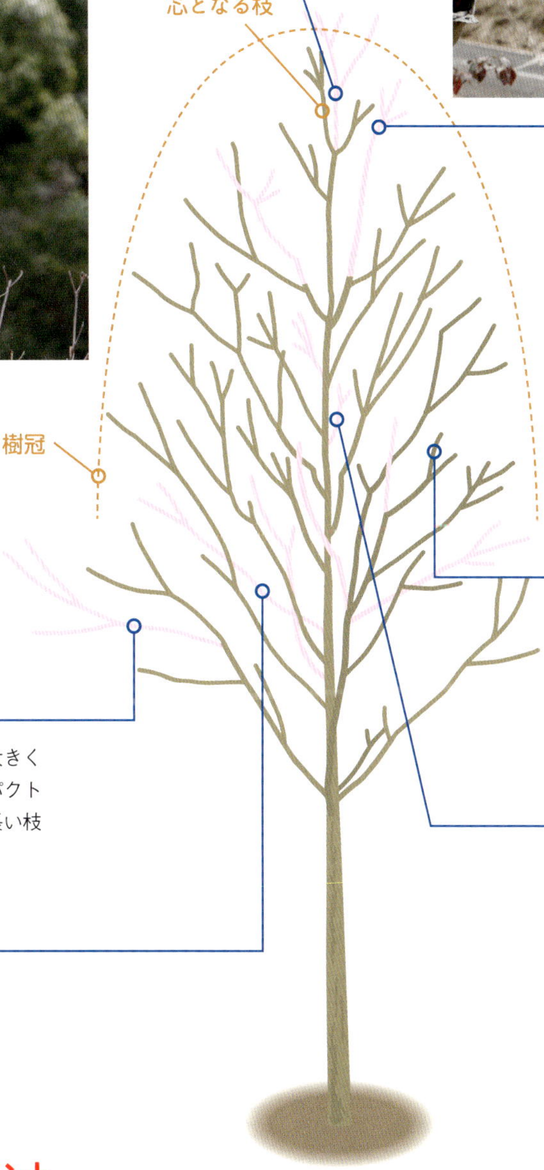

花芽（写真）は、短枝の先端につく。丸く大きくなるので、目視で確認して落とさないように注意する。

横枝を間引く

ハナミズキは横方向に大きく枝を伸ばすので、コンパクトに保つために横方向の長い枝を間引く。

枯れ枝を取る

枯れた枝はかんたんに折れるので、ハサミを使わずにつけ根から折り取る。

からみ枝を間引く

樹形を乱すからみ枝をつけ根から間引く。

剪定・管理のポイント

- 新梢があまり伸びないので、夏の剪定は軽めにし（翌年の花が期待できなくなる）、冬に太めの枝を切って樹形を作る。
- 花芽は短枝の先端につくため、冬の剪定で短枝は残し、勢いよく伸びた枝を間引く。
- 外へと広がる性質が強いので、スペースに限りがある場合は、横に伸びる枝を間引いて広がりをおさえる。
- 内部の枝が枯れやすいので、夏も冬も枝を間引いて日当たりをよくする。

バラ

バラ科　バラ属

バラは世界に原種が150～200品種あるといわれ、大きく、木立性（ブッシュ）、半ツル性（シュラブ）、ツル性に分けられます。花の咲き方には四季咲き（枝を切り戻せば何度も開花する）、一季咲き（年に1回春に開花する）、返り咲き（春に開花し、その後も不定期に開花する）があります。

月	1	2	3	4	5	6	7	8	9	10	11	12
花期					■	■	■	■	■	■		
花芽分化期				■	■	■	■	■	■	■		
剪定期	■	■			■	■	■	■	■	■		■

基本データ

落葉低木

樹形・大きさ

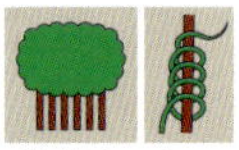

株立ち　ツル　0.3～1.5m

花色：○●●●

実色：●●

主な仕立て方

株立ち　フェンス

耐陰性：弱

耐寒性：強

剪定回数：1～3回（品種による）

花芽の位置

春に伸びた枝に花芽がつき、そのまま春～秋に開花します。芽があればどこを切ってもほとんどの枝が伸びて開花します。

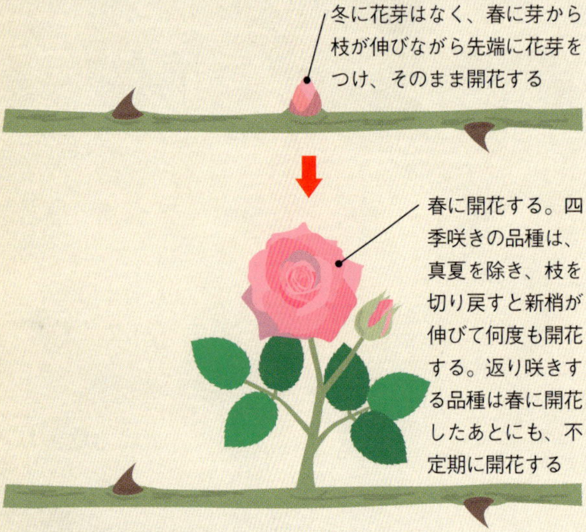

冬に花芽はなく、春に芽から枝が伸びながら先端に花芽をつけ、そのまま開花する
春に開花する。四季咲きの品種は、真夏を除き、枝を切り戻すと新梢が伸びて何度も開花する。返り咲きする品種は春に開花したあとにも、不定期に開花する

剪定・管理のポイント

- 冬に古い枝を切り、新しい枝に更新することが剪定の基本。
- 花が咲き終わった後すぐに花柄を摘む（花のついている枝を1/2～1/3程度切り戻す）ことで見た目を美しく保ち、株の疲労や病気などを防ぐ。
- 四季咲きの品種は花柄を摘むと、そこから枝が伸び、再度開花する（下写真）。
- 実を楽しみたい場合は、花柄を摘まずに残しておく。
- ブッシュは、冬の剪定でシュート（長く伸びた若い枝）を1/2～1/3切り戻し、シュラブやツル性のシュートは枝先を切る程度にする。
- 基本的に芽の上5mmほどのところで切る。外向きの芽の上で切ると樹形が乱れにくい。

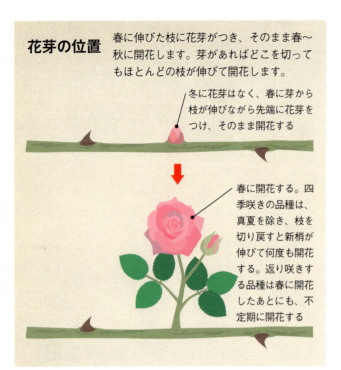

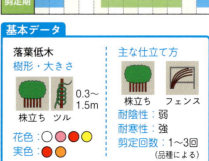

木立性(ブッシュ)の剪定(12~2月)

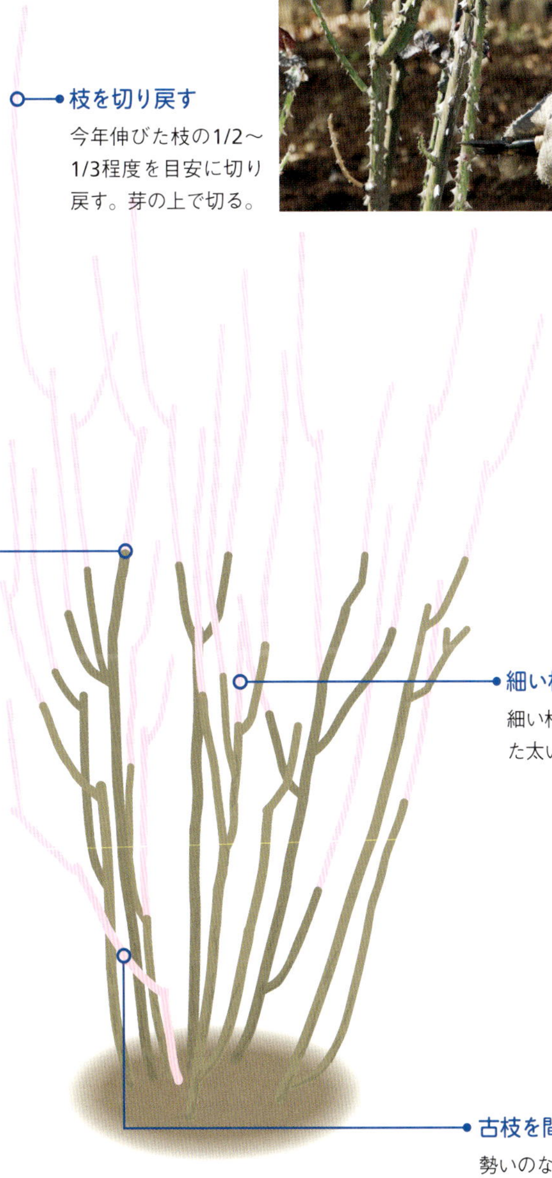

枝を切り戻す
今年伸びた枝の1/2～1/3程度を目安に切り戻す。芽の上で切る。

芽の上で切る
バラの枝を切るときには、芽の上5㎜ほどのところで切る。外側に向いた芽の上で切ると樹形が美しくなる。どの芽であっても成長すると花芽をつけるので、どこで切ってもよい。

細い枝を間引く
細い枝をつけ根で切り、充実した太い枝だけを残す。

古枝を間引く
勢いのなくなった古枝を地際で間引き、若い枝を育てることで枝を更新する。

剪定・管理のポイント

- 冬の剪定を基本として、花柄摘みと夏にも剪定をするとよい。
- 夏の剪定では、8月下旬～9月上旬に春から伸びた枝を1/4～1/3程度軽く切り戻す。
- 冬にたくさん枝を切っても花をつけるので、コンパクトにできる。

半ツル性（シュラブ）の剪定（12～2月）

枝を切り戻す

一季咲きと返り咲きは枝先を切り戻す程度におさめる。四季咲きは短く切りつめられる。

細い枝を間引く

花はある程度太い枝につくので、細い枝はつけ根で切り、太い枝を残すようにするとよい。

不要枝を整理する

混み枝や、からみ枝などをつけ根で切り、樹形をととのえる。

剪定・管理のポイント

- シュラブは木立性とツル性の中間の姿をしており、自立をさせたり、フェンスなどに誘引したりすることができる。
- 冬の剪定と花柄摘みを基本とする。夏の剪定は行わないか、不要枝を間引く程度にする。
- 四季咲き、一季咲き、返り咲きのタイプがあり、四季咲きは枝を短く切りつめても開花するが、一季咲きと返り咲きの枝は、短く切りつめると開花しにくいので、枝先を軽く切る程度にする。

ツル性の剪定（12～2月）

枝を切り戻す

枝がよく伸びるので、全体の1/2程度まで切り戻してよい。ただしあまり長く切りつめると、より勢いの強い枝が出るので注意する。

不要枝を整理する

混み枝を中心に全体を整理して、すっきりとさせる。

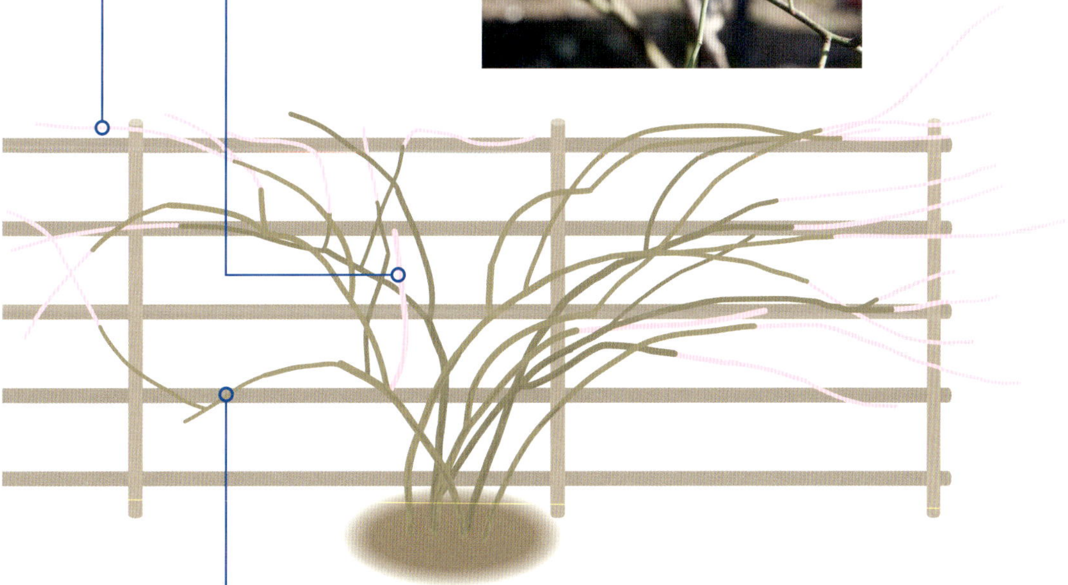

誘引をする

誘引はすべての枝を切り終わってからする。枝を水平にすることで、新芽から伸びる枝に花がつきやすくなる。

剪定・管理のポイント

- 一季咲きと返り咲きのタイプがある。
- 基本的な剪定方法は、シュラブと同じ方法でよい。
- 誘引しているひもをすべて取ってから剪定をし、剪定がすべて終わったらフェンスなどへ誘引する。
- 枝が水平になるように誘引することで花がつきやすくなる。

ブルーベリー

ツツジ科　スノキ属

樹形がコンパクトで、果実を収穫することが比較的容易なため、もっとも庭木として人気のある果樹です。種類は大きく、ハイブッシュ系とラビットアイ系に分かれます。1本のブルーベリーだけでは受粉しにくい（実がつきにくい）ため、同系統の異なる品種もいっしょに植えましょう。

月	1	2	3	4	5	6	7	8	9	10	11	12
花期				■	■							
花芽分化期							■	■	■			
剪定期	■	■	■			■					■	■

基本データ

落葉低木

樹形・大きさ

株立ち

1.5〜3m

花色：○

実色：●

主な仕立て方

株立ち

耐陰性：普通

耐寒性：強

剪定回数：夏1回・冬1回

花芽の位置

夏に枝の先端部分の葉のつけ根に花芽がつき、翌年の春に開花します。

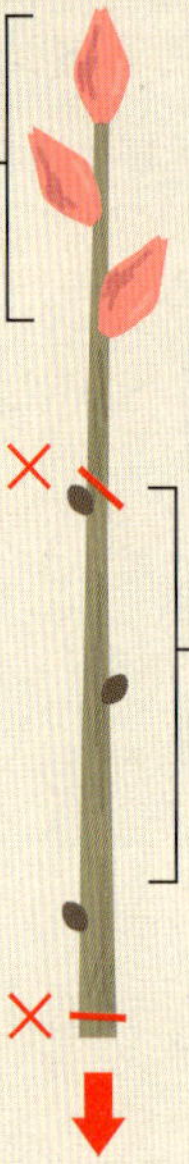
枝の先端部分3〜5芽程度に花芽がつく（7〜9月上旬）ので剪定では避けて切る
花芽があるので切れない
葉芽は花芽よりも小さいので、見分けがつく
花芽があるので切れない

［花芽と葉芽］

葉芽
花芽

翌年の4月ごろに花芽から枝が伸び、開花する。ひとつの花芽から5〜10の花が咲き、ほとんどが果実になる
葉芽からは枝葉のみが伸びる

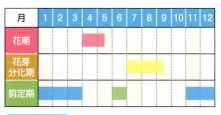

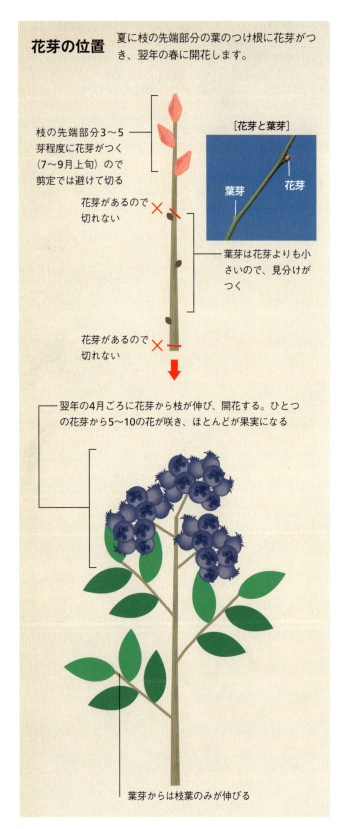

果実を収穫するためのポイント

ブルーベリーは、1本の木だけでは受粉しにくい性質があるので、果実を収穫したいのであれば、必ず同系統（ハイブッシュ系もしくはラビットアイ系）の別品種を2本以上植えましょう。しかし、2本以上植えてもなかなか果実がつかない場合は、人工授粉が効果的です。また、6月ごろに枝の先端部分を切り戻せば、果実がつく充実した枝が出るようになります。

［人工授粉（4月）］

毎年果実があまりつかない場合は、開花したときに人工授粉をすれば、確実に実をならせることができます。

別品種の花の花弁を取り、内側にあるおしべをめしべにこすりつける。

花の拡大。花弁から出ている緑色の部分がめしべなので、ここに別品種の花のおしべをこすりつける。

［摘　心（6月）］

長く伸びた新梢の先端を切り戻すことによって、その先が枝分かれをして花芽が多くつくようになります。

新梢の長さが20cm程度になるように切ると、充実した枝が出て、果実がつきやすくなる。

長く伸びた新梢の先端部分を摘心する。摘心は6月中にしないと、花芽がつかず、翌年に収穫できないので注意する。

夏の剪定（6月）

からみ枝を間引く

枝葉が混み合って風通しが悪くなる原因となるので、つけ根で切る。

長枝を間引く

縦に長く伸びる枝は樹形を乱すため、つけ根で切る。

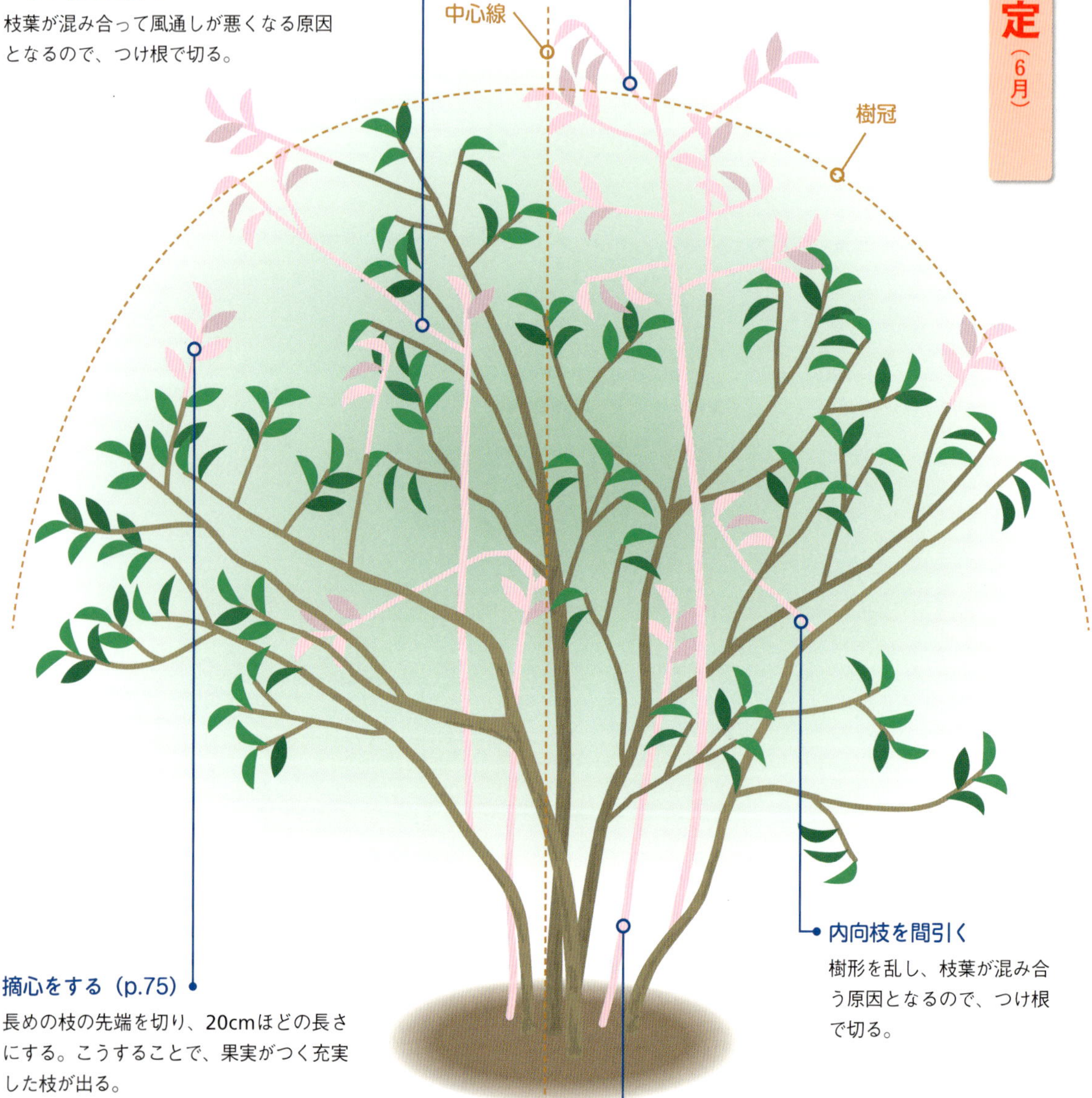

摘心をする（p.75）

長めの枝の先端を切り、20cmほどの長さにする。こうすることで、果実がつく充実した枝が出る。

内向枝を間引く

樹形を乱し、枝葉が混み合う原因となるので、つけ根で切る。

ひこ生えを間引く

ひこ生えが多く生えるので、つけ根で切る。古い枝を若い枝に更新するために数本は取っておいてもよい。

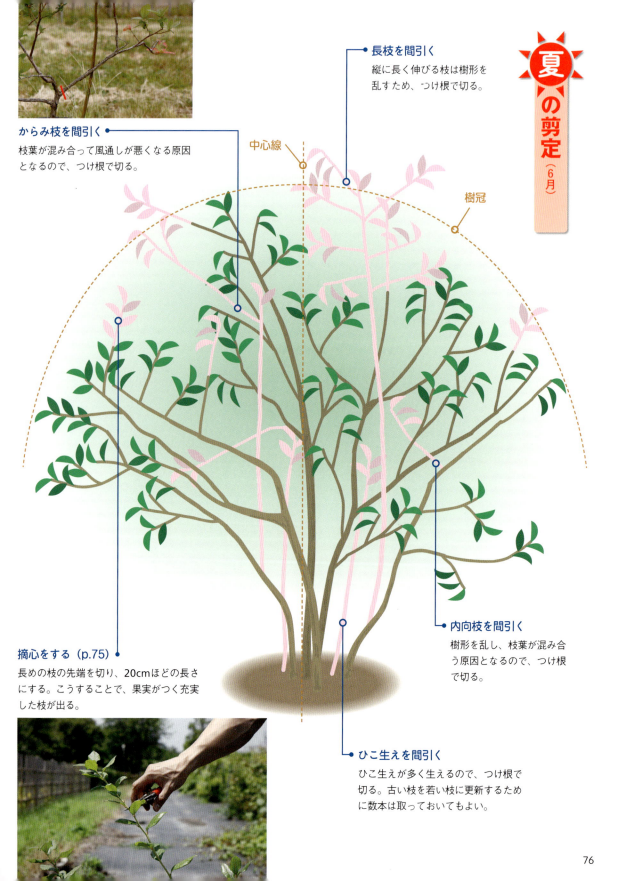

冬の剪定（11～3月）

長枝を間引く

樹形をコンパクトにおさえるために、長枝をつけ根で切り取る。

枝の先端を切り戻す

30cm以上の長枝は先端から1/3程度切り戻す。こうすることで、充実した枝が出て果実がつきやすくなる。

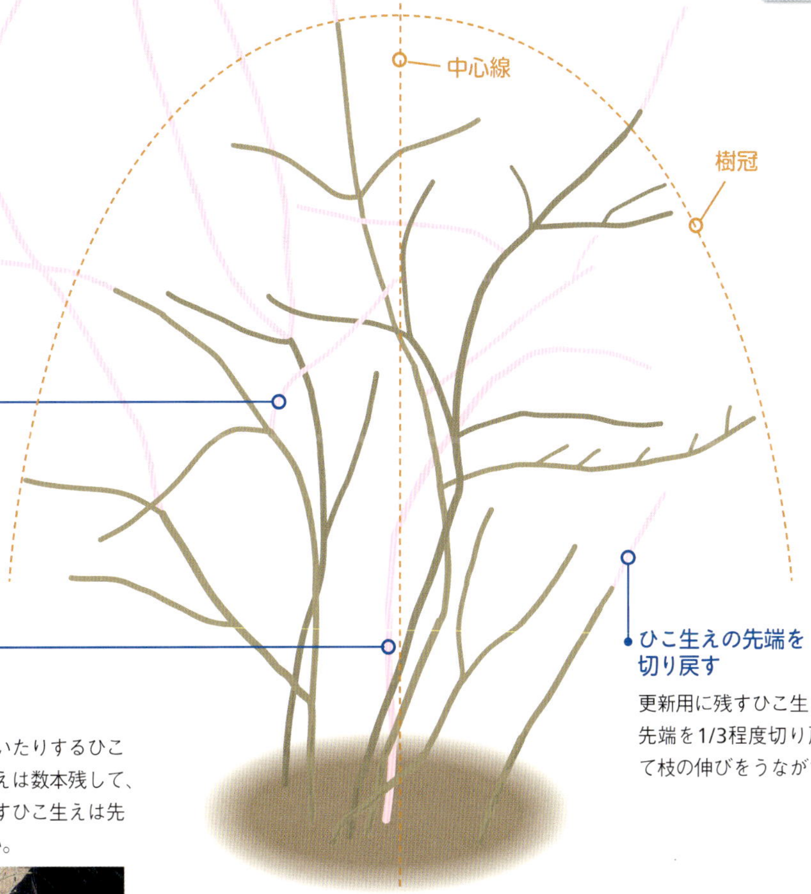

からみ枝を間引く

樹形を乱すからみ枝は、つけ根で切る。

ひこ生えの先端を切り戻す

更新用に残すひこ生えは、先端を1/3程度切り戻して枝の伸びをうながす。

ひこ生えを間引く

混み合っていたりからんでいたりするひこ生えを地際で切る。ひこ生えは数本残して、更新用の枝を確保する。残すひこ生えは先端を1/3程度切り戻すとよい。

剪定・管理のポイント

- 夏には長枝の先端の切り戻しと不要枝の間引き、冬は加えて樹形をコンパクトにする剪定をする。
- 果実を収穫するためには、同系統で別品種のブルーベリーを2本以上植える。
- 木が若いうちは、花芽を減らして株の消耗をおさえるとよい。
- 花芽があると枝が充実しないので、骨格にしたい枝の花芽は剪定で落とすとよい。
- 毎年実つきが悪い場合、開花時に人工授粉をするとよい。

マメザクラ

バラ科　サクラ属

山地に自生するサクラの仲間で、富士山麓に多く見られることからフジザクラの別名もあります。早春に直径2cmほどの小さな花を咲かせます。全体に小ぶりで、ほかのサクラ類に比べて葉も花も小さく、樹高1mほどの若木でも花をつけるため、庭木として人気の花木です。

月	1	2	3	4	5	6	7	8	9	10	11	12
花期			■	■								
花芽分化期							■	■				
剪定期	■	■			■	■					■	■

基本データ

落葉小高木

樹形・大きさ

卵形　株立ち　3～5m

花色：ピンク・白

実色：黒紫

主な仕立て方

卵形　株立ち

耐陰性：普通

耐寒性：普通

剪定回数：夏1回・冬1回

夏の剪定（5月下旬～6月上旬）

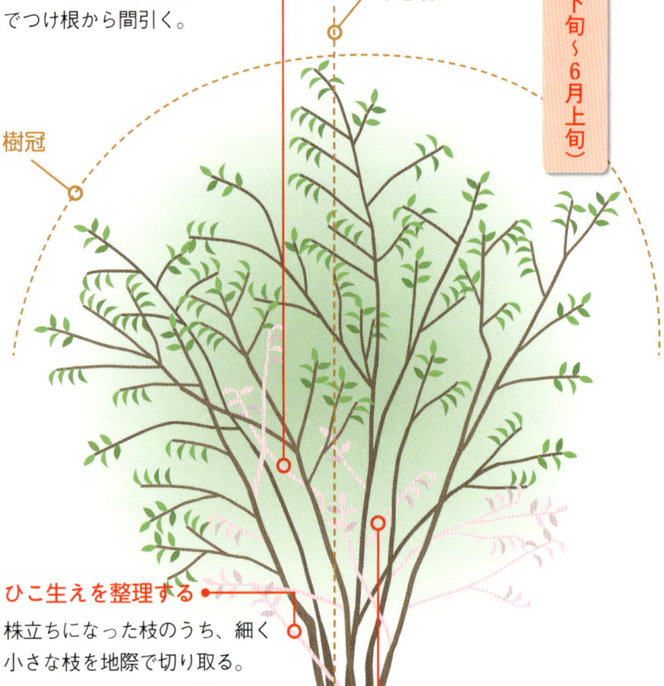
中心線
樹冠

からみ枝を間引く

からみ枝は、樹形を乱すのでつけ根から間引く。

ひこ生えを整理する

株立ちになった枝のうち、細く小さな枝を地際で切り取る。

細い枝を整理する

幹から生える細い枝は切り取ることで樹形を保つ。

花芽の位置

花が咲き終わったあとに伸びた短枝に花芽がつき、翌年の春に開花します。

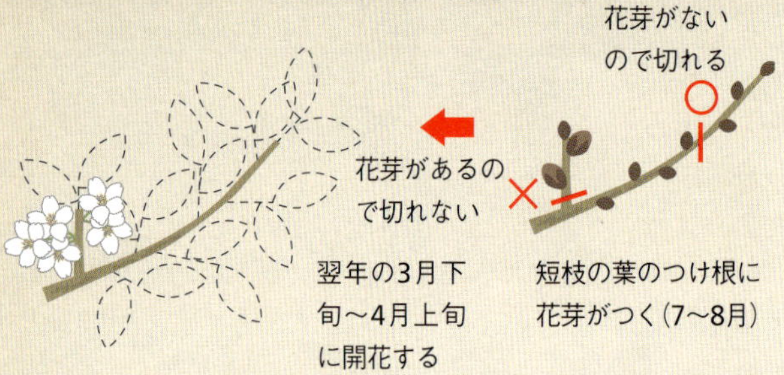
花芽がないので切れる
花芽があるので切れない
翌年の3月下旬～4月上旬に開花する
短枝の葉のつけ根に花芽がつく（7～8月）

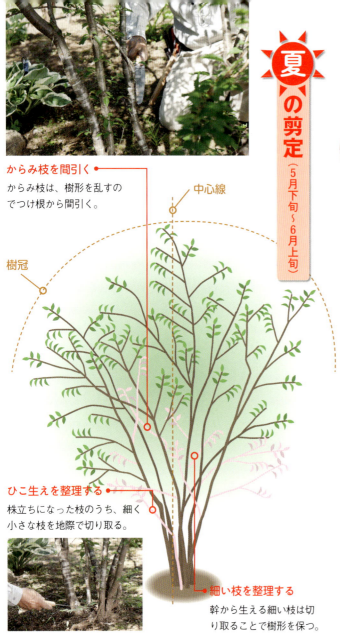

冬の剪定（11～2月）

花芽を残す

花芽は短枝につくので、短枝はなるべく落とさないように注意する。

からみ枝を間引く

落葉期には枝振りが見やすく、からみ枝を見つけやすいので、この時期に間引いておくとととのった樹形を維持できる。

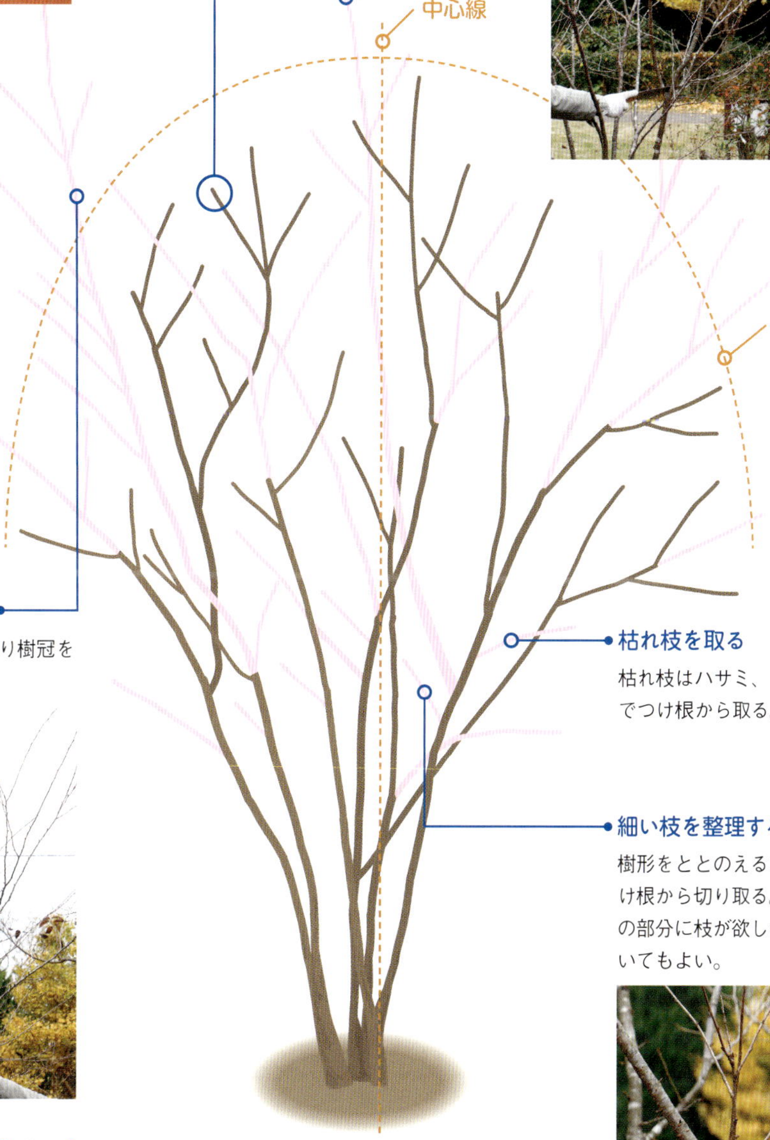

樹冠をととのえる

樹冠から出た枝を切り樹冠をととのえる。

枯れ枝を取る

枯れ枝はハサミ、もしくは手でつけ根から取る。

細い枝を整理する

樹形をととのえるため、細い枝はつけ根から切り取る。ただし、将来その部分に枝が欲しい場合は残しておいてもよい。

剪定・管理のポイント

- 夏には軽く不要枝を間引く程度におさめ、冬に太めの枝を切る。
- 放任しても比較的樹形がととのう。
- 短枝に花芽がつくので、冬の剪定では枝の間引きを中心にする。
- マメザクラは、サクラの仲間では比較的剪定に強いほうだが、太い枝を切りつめる剪定は避けるようにする。

マンサク

マンサク科　マンサク属

本州から九州の山地に自生する花木で、早春に細長くねじれたリボン状の黄色い花を咲かせます。花だけでなく、幹はシルバーグレーで美しく、株立ちの樹形とともに観賞価値の高い庭木です。丸みをおびた葉のマルバマンサク、花の赤いアカバナマンサクなどもあります。

月	1	2	3	4	5	6	7	8	9	10	11	12
花期	■	■	■									
花芽分化期							■	■				
剪定期	■	■	□	□	□	■	■				□	□

基本データ

落葉小高木

樹形・大きさ

株立ち

3～5m

花色：🟡🔴

実色：—

主な仕立て方

株立ち

卵形

耐陰性：普通

耐寒性：強

剪定回数：夏1回・冬1回

夏の剪定（6月～7月上旬）

樹冠をととのえる

樹冠から出た枝を間引き、樹冠をととのえる。

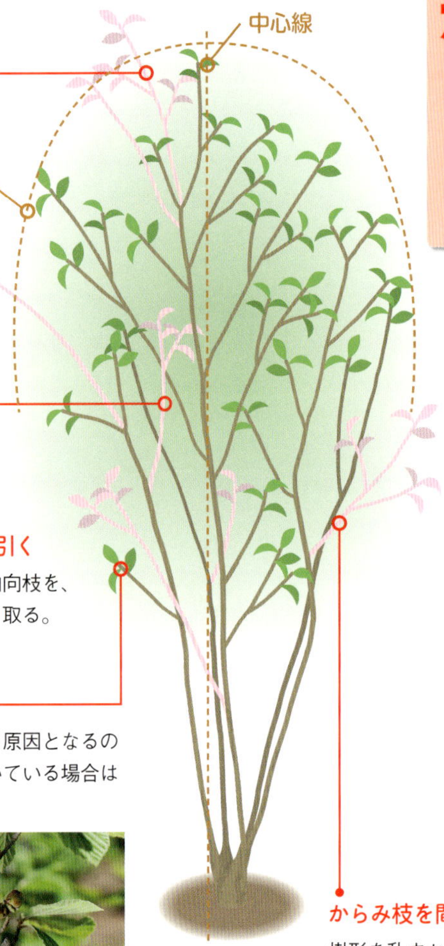

中心線
樹冠

内向枝を間引く

樹形を乱す内向枝を、つけ根で切り取る。

実を取る

樹勢を弱める原因となるので、実がついている場合はすべて取る。

からみ枝を間引く

樹形を乱すからみ枝は、つけ根で切る。

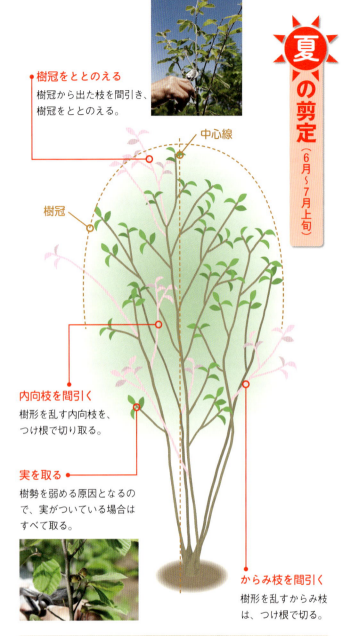

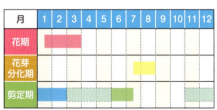

花芽の位置

夏に、短枝の葉のつけ根に花芽をつけ、翌年の春に開花します。

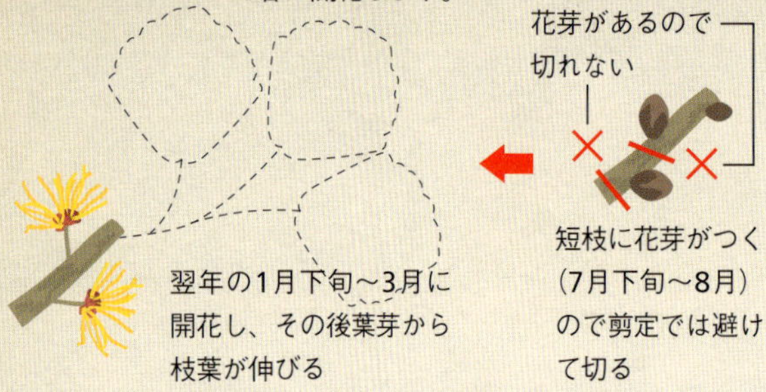

花芽があるので切れない
短枝に花芽がつく（7月下旬～8月）ので剪定では避けて切る
翌年の1月下旬～3月に開花し、その後葉芽から枝葉が伸びる

冬の剪定（1月～2月）

花芽を残す

花芽（写真）は、短枝の全体につくので、目視で確認をして花芽をなるべく落とさないようにする。

樹冠をととのえる

芯となる枝を中心として樹冠を決め、飛び出た枝を切る。

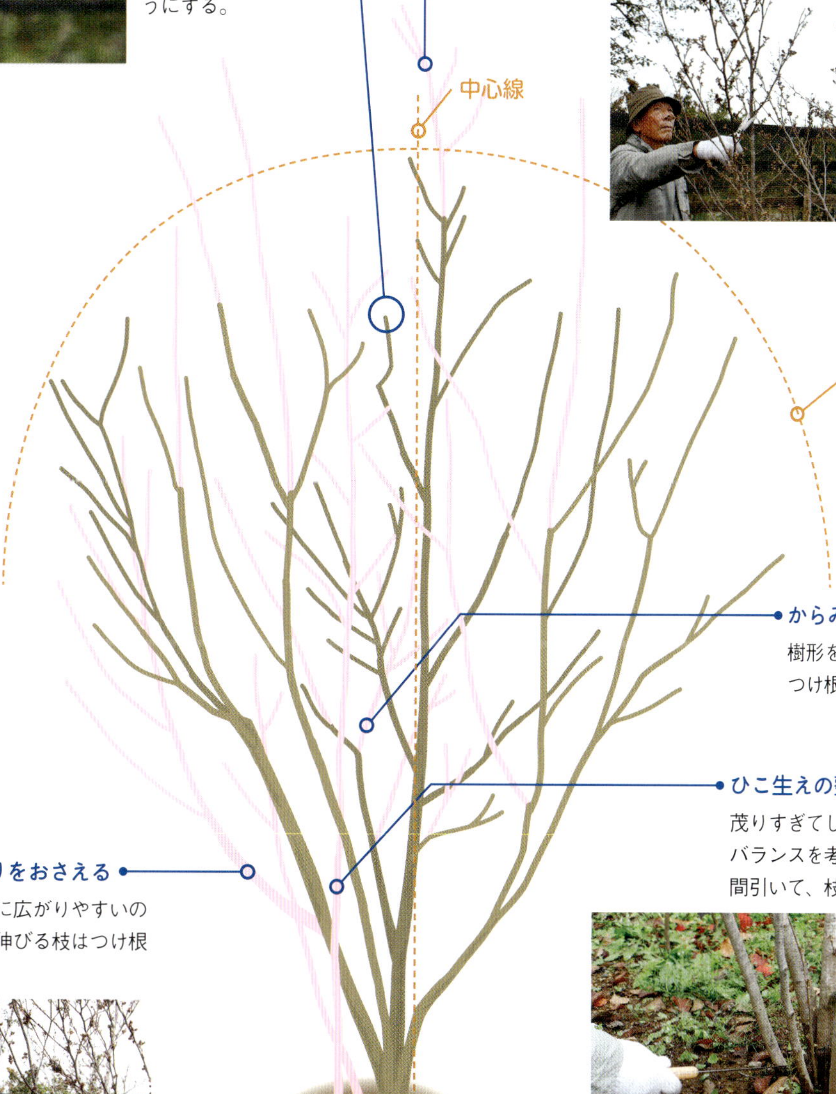

からみ枝を間引く

樹形を乱すからみ枝はつけ根から間引く。

ひこ生えの整理

茂りすぎてしまわないようにバランスを考え、ひこ生えを間引いて、枝の数を減らす。

樹形の広がりをおさえる

樹形が横方向に広がりやすいので、長く横に伸びる枝はつけ根から間引く。

剪定・管理のポイント

- 夏には花柄や実の摘み取りと不要枝の間引き、冬には不要枝の間引きと樹形をコンパクトにする剪定をする。
- 花が終わった直後に剪定をすれば花芽を切り落とすことが避けられる。
- 冬の剪定では、花芽のつく短枝を切らないように注意する。
- 自然樹形が美しいので、なるべく枝先を切らずに、枝の間引きをする。

ムクゲ

アオイ科　フヨウ属

中国原産とされ、日本でも江戸時代から親しまれている花木です。花は朝開き、夜にはしぼみますが、花期は長く、ハイビスカスに似た大きな花を夏から秋にかけて次々と開きます。丈夫で育てやすく、樹形も小さいので庭木に適した樹木です。刈り込んで生け垣にも利用できます。

月	1	2	3	4	5	6	7	8	9	10	11	12
花期							■	■	■	■		
花芽分化期					■	■	■					
剪定期	□	■	■	□					■	□	□	□

基本データ

落葉低木

樹形・大きさ

卵形

2～3m

花色：○●●

実色：ー

主な仕立て方

卵形　スタンダード　生け垣

耐陰性：弱

耐寒性：強

剪定回数：夏1回・冬1回

夏の剪定（9月）

からみ枝を間引く

からみ枝は樹形を乱すため、つけ根から切り取る。

枝を間引く

混み合った部分の枝をつけ根から切る。

花芽を残す

枝が伸びながら次々に花芽がつくため、枝先を切る場合は、花芽がないか確認してから切るとよい。

花芽の位置

その年に伸びた枝の葉のつけ根に花芽がつき、その年の夏に開花します。

芽から出た枝は、花芽をつけながら伸び（5～7月上旬）、7～10月にかけて開花する

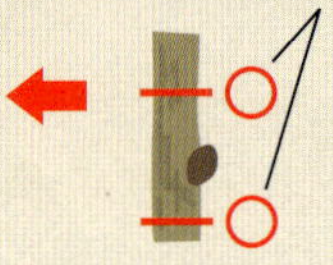

冬に花芽はないので、どこでも切れる

冬の剪定（2〜3月）

冬は葉芽のみ

冬にある芽はすべて葉芽のため、どこで切っても開花に影響はない。葉芽から枝が伸びながら次々と花芽がつき、その年に開花する。

樹冠をととのえる

芯となる枝を基準として、樹冠を決め、樹冠から出た枝を切りつめて樹冠をととのえる。

株元の枝を間引く

株元から生える細い枝は樹形を乱すので、つけ根から切り取る。

からみ枝を間引く

からみ枝は枝葉が混み合う原因になり、また樹形を乱すため、つけ根から切り取る。

剪定・管理のポイント

- 夏には不要枝を間引いて風通しをよくし、冬には樹形をコンパクトにする剪定をする。
- 生育が旺盛で萌芽力があるため、冬には短く切りつめられる。
- 枝が立ち上がるようにまっすぐに伸びやすいため、冬に切り戻して樹形をととのえる。
- 春に伸びた枝の先に花がつくため、冬の剪定では花数を減らす心配がない。

モクレン

モクレン科　モクレン属

中国原産で、放任すると10mを超える高さになるものもあります。花は香りがよくて大きく、4月ごろ、葉の展開に先立って開花します。モクレンの仲間には白い花のハクモクレン、紫色の花のシモクレンなどがあり、近年は欧米で交配された品種がマグノリアの名前で流通しています。

月	1	2	3	4	5	6	7	8	9	10	11	12
花期			■	■								
花芽分化期						■	■	■				
剪定期	■	■	□	□	□	■						□

基本データ

落葉高木

樹形・大きさ

卵形
株立ち

1〜10m

花色：○

実色：―

主な仕立て方

卵形
株立ち

耐陰性：弱

耐寒性：普通

剪定回数：夏1回・冬1回

夏の剪定（6月）

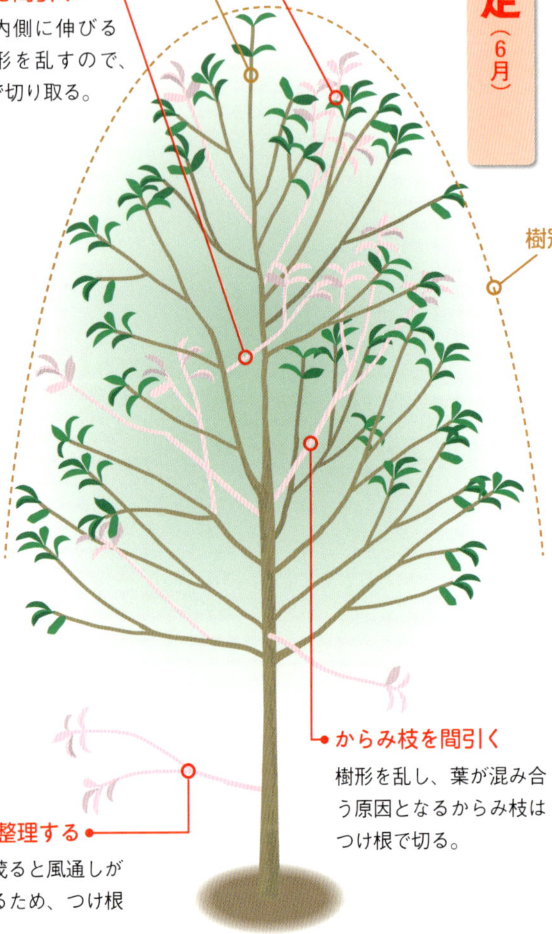

芯となる枝
樹冠

枝を間引く
混み合った部分の枝を間引いて、風通しを確保する。

内向枝を間引く
樹冠の内側に伸びる枝は樹形を乱すので、つけ根で切り取る。

からみ枝を間引く
樹形を乱し、葉が混み合う原因となるからみ枝はつけ根で切る。

下枝を整理する
下枝が茂ると風通しが悪くなるため、つけ根で切る。

花芽の位置

初夏に短枝の先端に花芽をつけ、翌年の春に開花します。

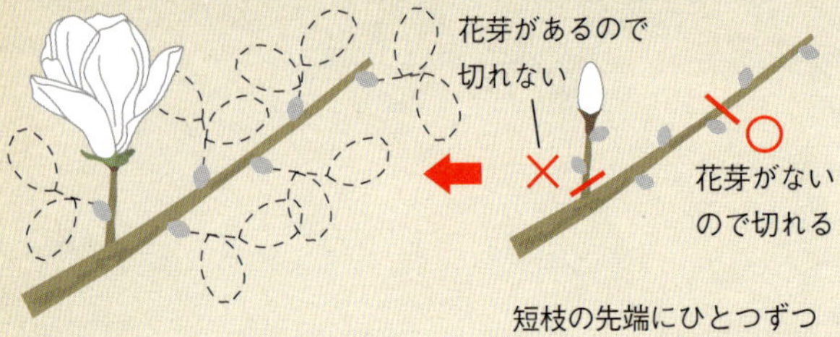

花芽があるので切れない
花芽がないので切れる

翌年の3月下旬〜4月にかけて開花する

短枝の先端にひとつずつ花芽がつく（6月下旬〜8月上旬）

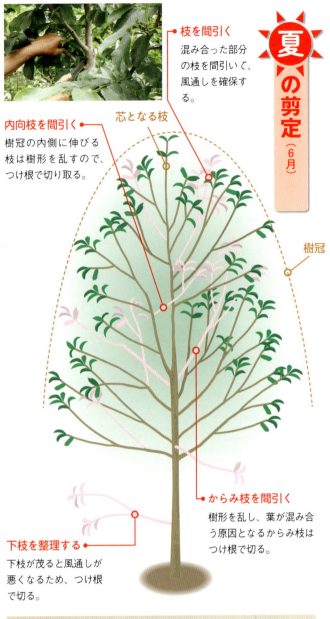

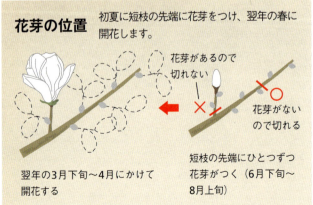

冬の剪定（1～2月）

長枝を切り戻す

長枝には花芽がつかないため、つけ根で切って樹形をととのえる。

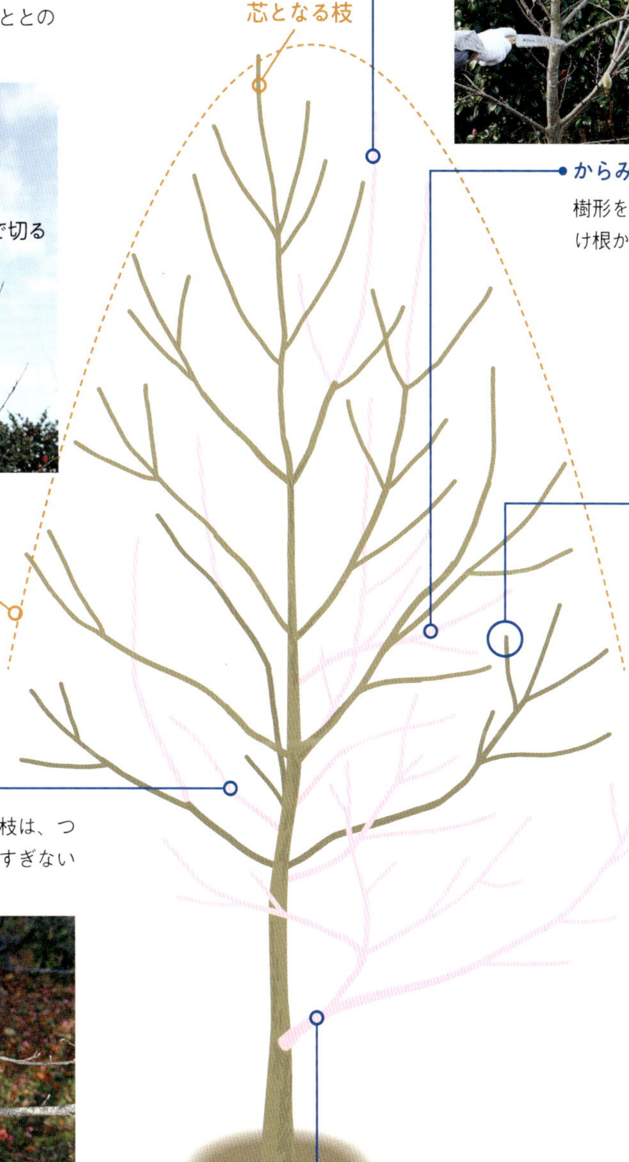

からみ枝を間引く

樹形を乱すからみ枝はつけ根から切り取る。

花芽を残す

花芽は短枝の先端についており、大きくてすぐに見分けがつくので、落とさないようにする。

細い枝を間引く

幹から直接生える細い枝は、つけ根で切り取り、茂りすぎないようにする。

下枝を整理する

風通しを確保するため、また樹形をととのえるために、下枝をつけ根から切る。

剪定・管理のポイント

- 夏には不要枝の間引きを行い、樹形をコンパクトにする剪定は冬にする。
- 花の数が多すぎると、翌年にあまり咲かなくなる（隔年開花）ため、花芽が多い場合は冬の剪定で間引いて花数を調整する。
- 長枝には花芽がつかないので、冬の剪定では長枝を切る。
- 放任しても比較的樹形がととのうため、大きく育ててもよい場合は、不要な枝を間引く程度の剪定でもよい。

ヤマボウシ

ミズキ科　ヤマボウシ属

ハナミズキの近縁種で、近年、庭のシンボルツリーとして人気の花木です。本州や四国、九州の山地などに自生します。大きな白色の花弁のように見えるのは4枚の葉が変形したもので、花はその中心に20～30個が球形にまとまってつきます。秋に赤く熟した果実は甘く、食べられます。

月	1	2	3	4	5	6	7	8	9	10	11	12
花期				■	■							
花芽分化期							■					
剪定期	□	■	■	□	□■	■						□

基本データ

落葉小高木

樹形・大きさ

3～10m

卵形　株立ち

花色：○●

実色：●

主な仕立て方

卵形　株立ち

耐陰性：弱

耐寒性：強

剪定回数：夏1回・冬1回

夏の剪定（5月下旬～6月）

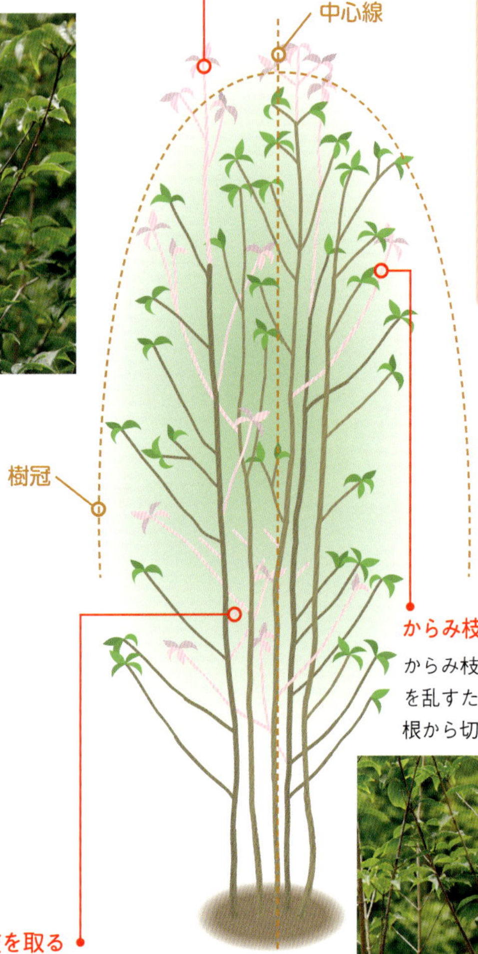

中心線
樹冠

樹冠をととのえる

樹冠から出た枝を切り戻して、樹冠をととのえる。

からみ枝を間引く

からみ枝は、樹形を乱すため、つけ根から切り取る。

枯れ枝を取る

枯れ枝はつけ根から切ってすっきりさせる。

花芽の位置

夏に短枝の先端に花芽をつけ、翌年の春に開花します。

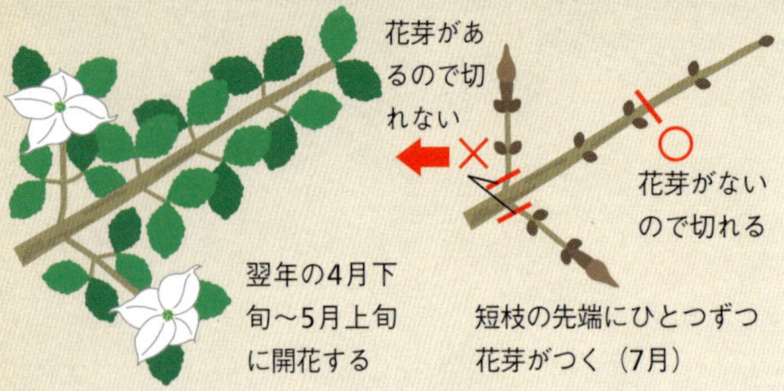

花芽があるので切れない
花芽がないので切れる
翌年の4月下旬～5月上旬に開花する
短枝の先端にひとつずつ花芽がつく（7月）

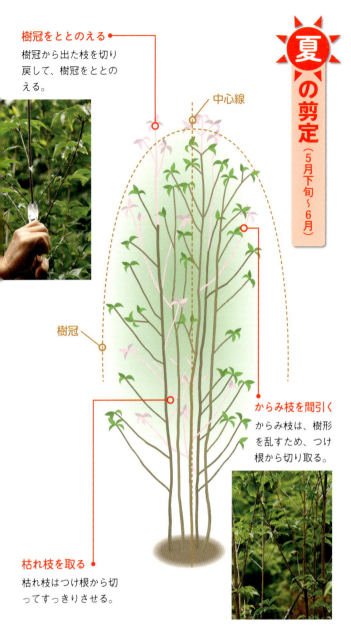

冬の剪定（2～3月）

樹冠をととのえる

中心線を中心にバランスよく樹冠を決め、出ている枝をつけ根まで戻って切る。

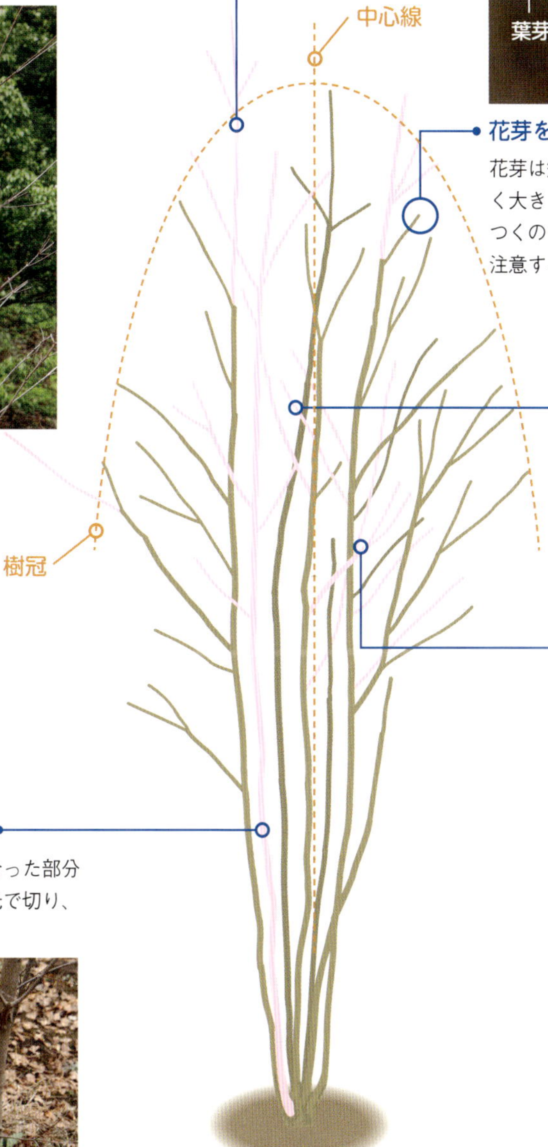

花芽を残す

花芽は短枝の先端につく。丸く大きくなり葉芽と見分けがつくので、落とさないように注意する。

枯れ枝を取る

内部にとくに枯れ枝が多いため、探してつけ根から切り取る。

からみ枝を間引く

樹形を乱すからみ枝は、つけ根から切る。

株立ちする枝数を減らす

地際から出た枝のうち混み合った部分や樹形を乱す枝を選び、株元で切り、株を整理する。

剪定・管理のポイント

- 夏には不要枝の間引きをし、冬には太めの枝を切って樹形をコンパクトにする。
- 自然に樹形ができるが、放任すると縦にも横にも大きくなる性質が強いので、剪定で広がりをおさえるとよい。
- 冬の剪定では、花芽のつかない長枝を切り、花芽のつく短枝をなるべく落とさないようにする。
- うどんこ病が発生しやすいので、早めに薬剤を散布して予防する。

夏の剪定（4～5月上旬）

花柄を摘む
実ができると樹勢を弱めるので、花柄はすべて摘み取る。

樹冠をととのえる
樹冠から出て樹形を乱している枝は、つけ根で切る。

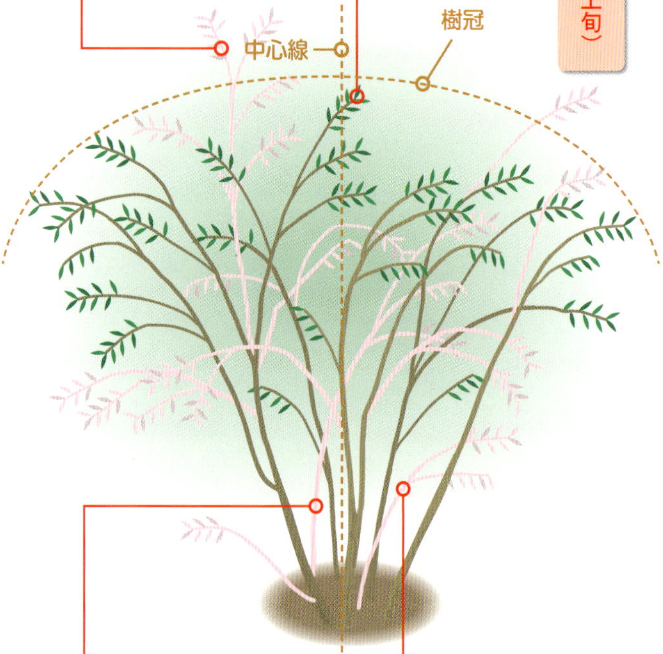

樹冠
中心線

からみ枝を間引く
樹形を乱し、枝葉が混み合う原因となるので、つけ根で切る。

ひこ生えを間引く
茂りすぎて風通しが悪くなるので、ひこ生えはすべて地際で切り取る。

花芽の位置

秋に細い枝の葉のつけ根に花芽がつき、翌年の春に開花します。長枝にも花芽がつきます。

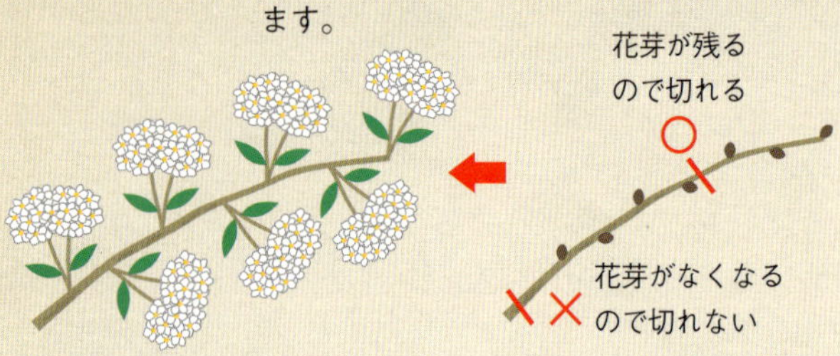

花芽が残るので切れる
花芽がなくなるので切れない

翌年3～4月に、花芽から枝が伸びて開花する

葉のつけ根に花芽がつく（9～10月）

ユキヤナギ

バラ科　シモツケ属

日本原産で、東北地方南部以南の本州、四国、九州に分布し、川岸に自生するものもあります。開花期は春で、枝垂れるように長く伸びた枝に白い小花を多数つけます。その姿はまさに名の通り、株に雪が積もったようです。性質は強健で、育てやすく、古くから庭木として利用されています。

月	1	2	3	4	5	6	7	8	9	10	11	12
花期			■	■								
花芽分化期									■	■		
剪定期	■	■	■	■	■						■	■

基本データ

落葉低木

樹形・大きさ

株立ち
1～1.5m

花色：○
実色：—

主な仕立て方

株立ち

耐陰性：普通
耐寒性：普通
剪定回数：夏1回・冬1回

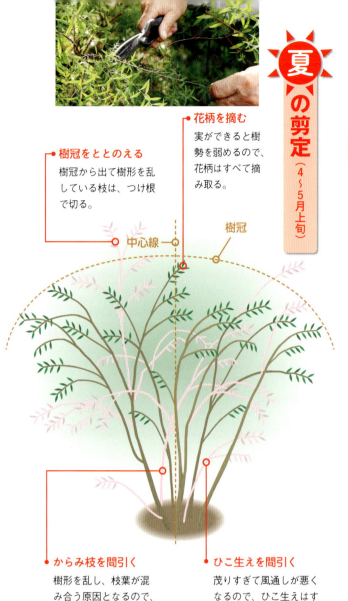

冬の剪定（1～2月）

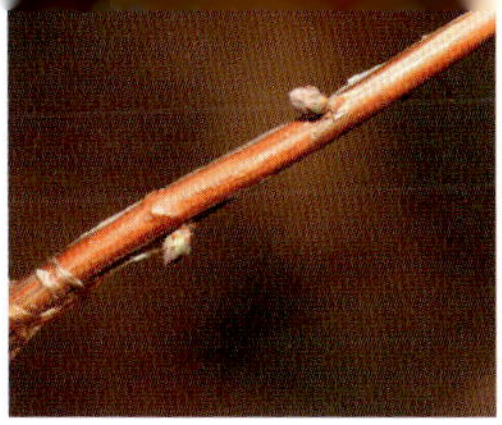

古い枝を更新する

株全体を若返らせるために、古い枝は地際で切り、若い枝を育てる。

花芽

花芽は枝の全体につくので、軽めであれば剪定をしても花が咲かなくなる心配はない。

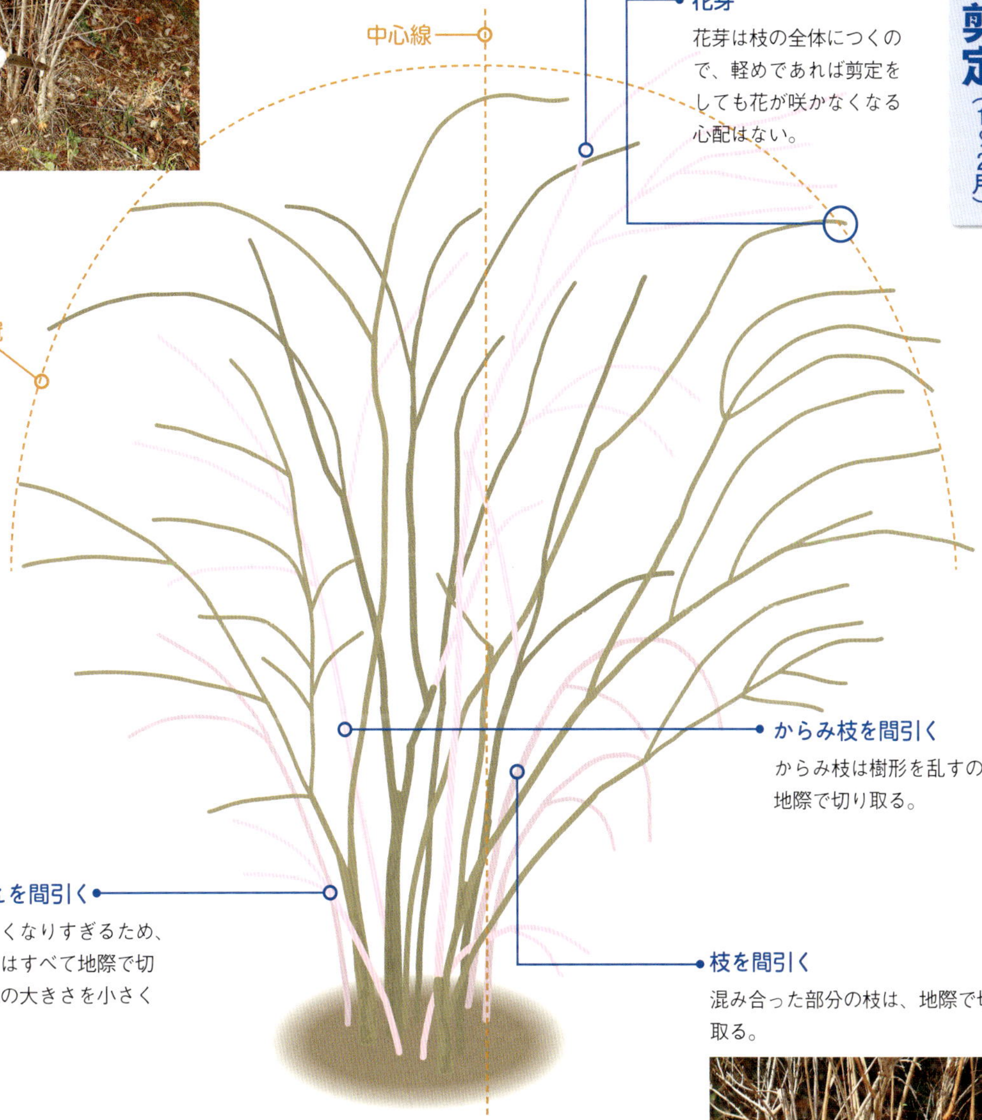

からみ枝を間引く

からみ枝は樹形を乱すので、地際で切り取る。

ひこ生えを間引く

株が大きくなりすぎるため、ひこ生えはすべて地際で切って、株の大きさを小さく保つ。

枝を間引く

混み合った部分の枝は、地際で切り取る。

剪定・管理のポイント

- 夏には不要枝を間引いて風通しを確保し、冬には古い枝を地際で切って全体をコンパクトにする。
- 日当たりと水はけのよい場所を好む。
- 花芽は、枝の全体につくため、冬の剪定で枝を切っても、ある程度の開花は期待できる。
- 枝先を切りそろえると、かたい雰囲気になるので、先端はなるべく切らずに、枝の間引きを基本とする。
- 4～5年に一度、すべての枝を地際で切って新しい枝に更新するとよい。

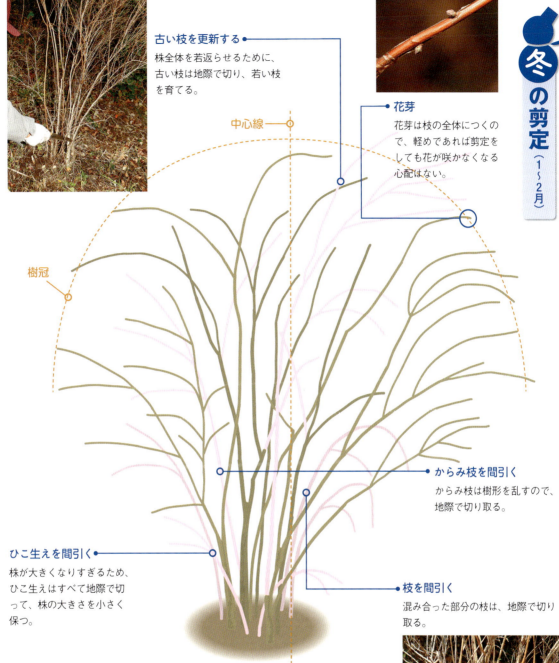

レンギョウ

モクセイ科　レンギョウ属

中国原産で、早春に鮮やかな黄色の花を多数つけます。一般にはレンギョウ属の植物を総称してレンギョウとよび、広く植栽されるのは枝がしなるように伸びるチョウセンレンギョウです。そのほか枝が立ち気味になるシナレンギョウやシナレンギョウとレンギョウの交配種などがあります。

月	1	2	3	4	5	6	7	8	9	10	11	12
花期			■	■								
花芽分化期							■	■				
剪定期	■	■	□	□	□	□	■				□	□

基本データ

落葉低木

樹形・大きさ

株立ち
0.6〜1.2m

花色：●
実色：―

主な仕立て方

株立ち

生け垣

耐陰性：普通
耐寒性：強
剪定回数：夏1回・冬1回

夏の剪定（7月）

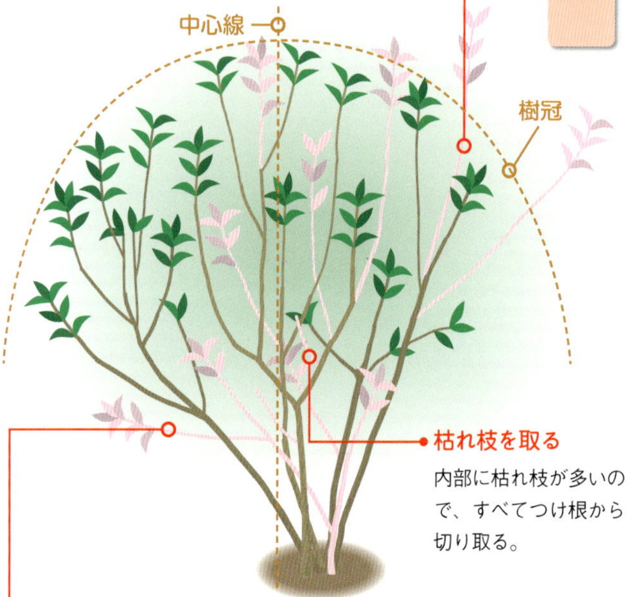

中心線
樹冠

樹冠をととのえる
樹冠から出て樹形を乱す枝は、樹冠内部の枝分かれしている位置で切り戻す。

枯れ枝を取る
内部に枯れ枝が多いので、すべてつけ根から切り取る。

からみ枝を間引く
樹形を乱すからみ枝は、つけ根もしくは地際で切る。

花芽の位置

夏に葉のつけ根に花芽がつき、翌年の春に開花します。長枝にも花芽がよくつきます。

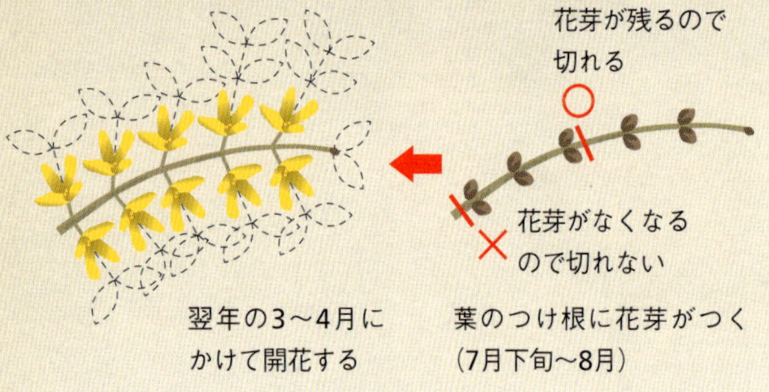

花芽が残るので切れる
花芽がなくなるので切れない
翌年の3〜4月にかけて開花する
葉のつけ根に花芽がつく（7月下旬〜8月）

冬の剪定（1～2月）

樹冠をととのえる

樹冠から出ている枝を切って樹冠をととのえる。

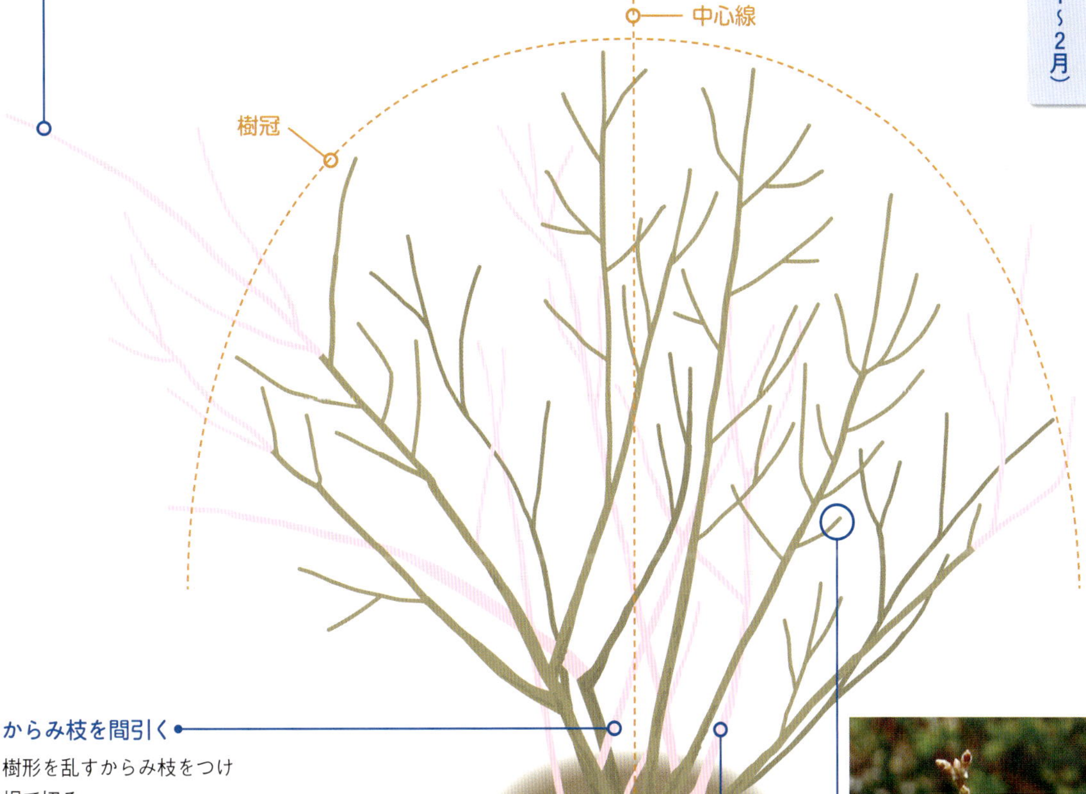

からみ枝を間引く

樹形を乱すからみ枝をつけ根で切る。

枝数を減らす

混み合っている枝を地際で切り、枝数を減らす。

花芽

花芽は枝の全体につくので、軽めの剪定であれば花が咲かなくなる心配はない。

剪定・管理のポイント

- 夏には不要枝の間引きを中心に剪定をし、冬には花芽に注意しながら太めの枝を切って樹形をととのえる。
- 日当たりが悪いと花数が減る可能性があるので、なるべく日向に植える。
- 花芽は新梢にできるため、花が咲き終わった後に剪定をして新梢を伸ばす。
- 内側の混み合った枝を整理して日当たりをよくすると、内側にも花が咲く。
- 数年に1回程度、すべての枝を地際で刈り取って株を若返らせる。

ロウバイ

ロウバイ科　ロウバイ属

中国原産で、日本には江戸時代初期に持ち込まれたとされます。開花期は早春。葉の展開に先立って、ロウで作ったような透明感のある黄色の可憐な花を咲かせます。花は甘い芳香を漂わせます。ロウバイは花の芯が赤褐色になりますが、芯も黄色いソシンロウバイもあります。

夏の剪定（5月下旬～7月上旬）

芯となる枝
樹冠

枝を間引く
枝葉が混み合った部分の枝をつけ根から切り、風通しをよくする。

枯れ枝を取る
樹冠内の日の当たりにくいところに枯れ枝があるので、すべてつけ根から切り取る。

からみ枝を間引く
樹形を乱すからみ枝は、つけ根で切る。

花芽の位置

初夏に短枝の葉のつけ根に花芽がつき、翌年の早春～春に開花します。長枝に花芽はつきません。

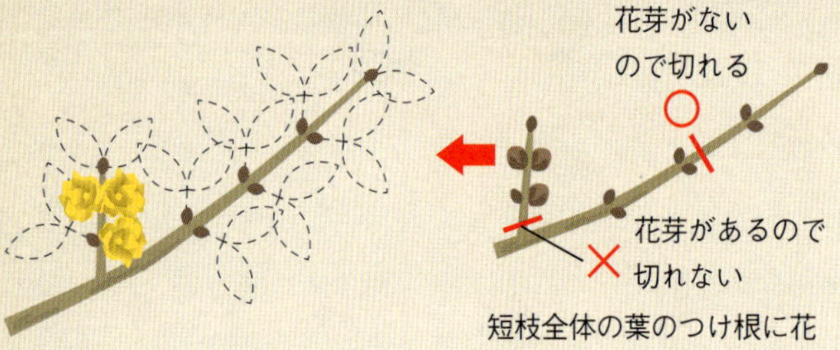

花芽がないので切れる
花芽があるので切れない

翌年の1～2月にかけて開花する

短枝全体の葉のつけ根に花芽がつく（5月下旬～7月）

月	1	2	3	4	5	6	7	8	9	10	11	12
花期	■	■										
花芽分化期					■	■	■					
剪定期	■	■	■		■	■	■					■

基本データ

落葉小高木

樹形・大きさ

株立ち
2～4m

花色：黄

実色：茶

主な仕立て方

株立ち

卵形

耐陰性：普通

耐寒性：普通

剪定回数：夏1回・冬1回

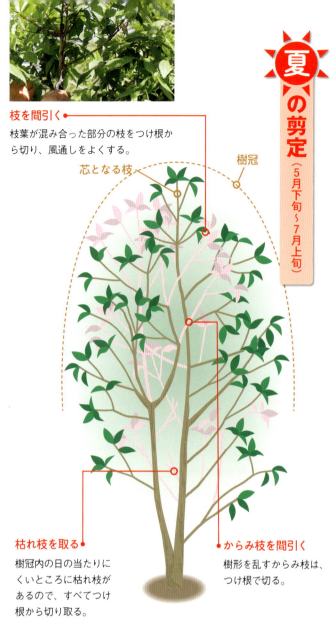

冬の剪定（1～3月）

樹冠をととのえる

芯となる枝を中心に樹冠を決め、はみ出ている枝をつけ根で切る。

花芽を残す

花芽は丸く大きくなるので、葉芽と見分けがつく。短枝につくので、落とさないようにする。

ひこ生えを間引く

ひこ生えが多く出る。残しておくと茂りすぎてしまうので、すべて地際で切る。

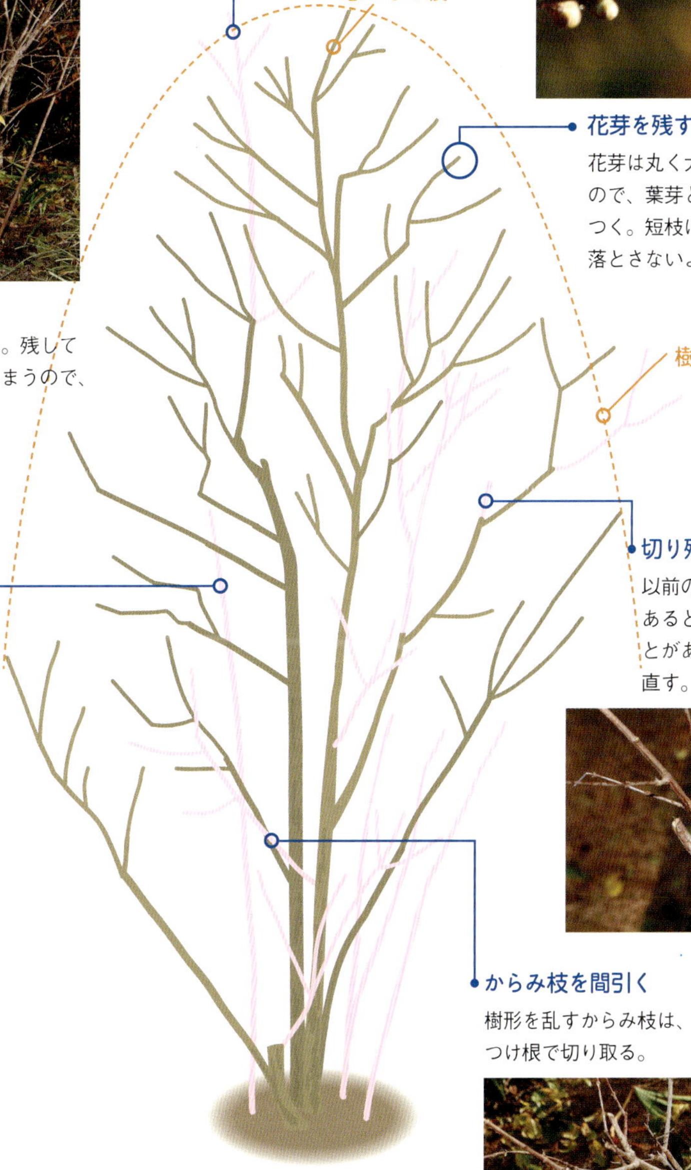

切り残しを整理する

以前の剪定で切り残した枝があると、そこから枯れ込むことがあるので、つけ根で切り直す。

からみ枝を間引く

樹形を乱すからみ枝は、つけ根で切り取る。

剪定・管理のポイント

- 夏には不要枝を間引いて風通しを確保し、冬には太めの枝を切って樹形をととのえる。
- 日当たりがよく、水はけのよい場所を好む。
- 花の後すぐに剪定をすると、翌年の開花に影響がない。
- 枝が折れやすいので、必要以上に枝を曲げないようにする。
- 太い枝を切ると、長枝が出て、花芽がつきにくくなる。

夏の剪定（6月）

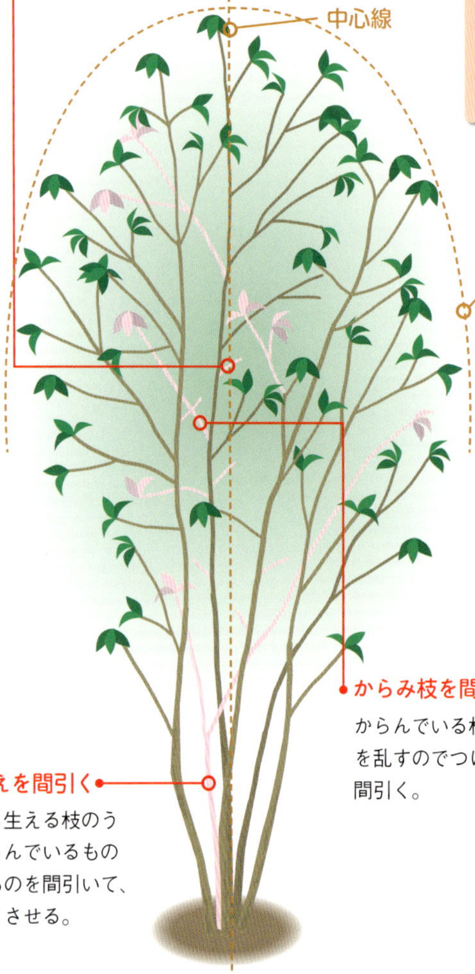

枯れ枝を間引く
日の当たりにくい株の内部には枯れ枝が多くあるので、ハサミや手ですべて間引く。
中心線
樹冠
からみ枝を間引く
からんでいる枝は樹形を乱すのでつけ根から間引く。
ひこ生えを間引く
地際から生える枝のうち、からんでいるものや細いものを間引いて、すっきりさせる。

アオダモ

モクセイ科　トネリコ属

堅く粘りがあるため、野球のバットの材料として利用されることで知られています。枝を水につけておくと、水が青い蛍光色になることや、雨上がりに樹皮が青緑色に変化することからアオダモと名づけられました。その青い色素は、一部の地域では染料にも利用されていました。

月	1	2	3	4	5	6	7	8	9	10	11	12
花期					■							
花芽分化期							■	■				
剪定期	■	■	■	■	■	■					■	■

基本データ

落葉高木

樹形・大きさ

卵形

3～6m

花色：○

実色：●

主な仕立て方

卵形

株立ち

耐陰性：普通

耐寒性：強

剪定回数：夏1回・冬1回

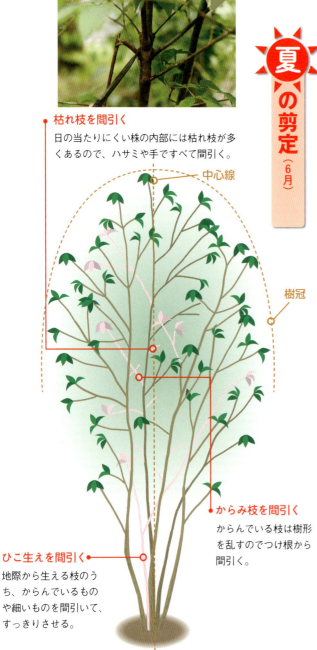

樹冠をととのえる
樹冠からはみ出ている枝をつけ根から間引いて樹冠をととのえる。

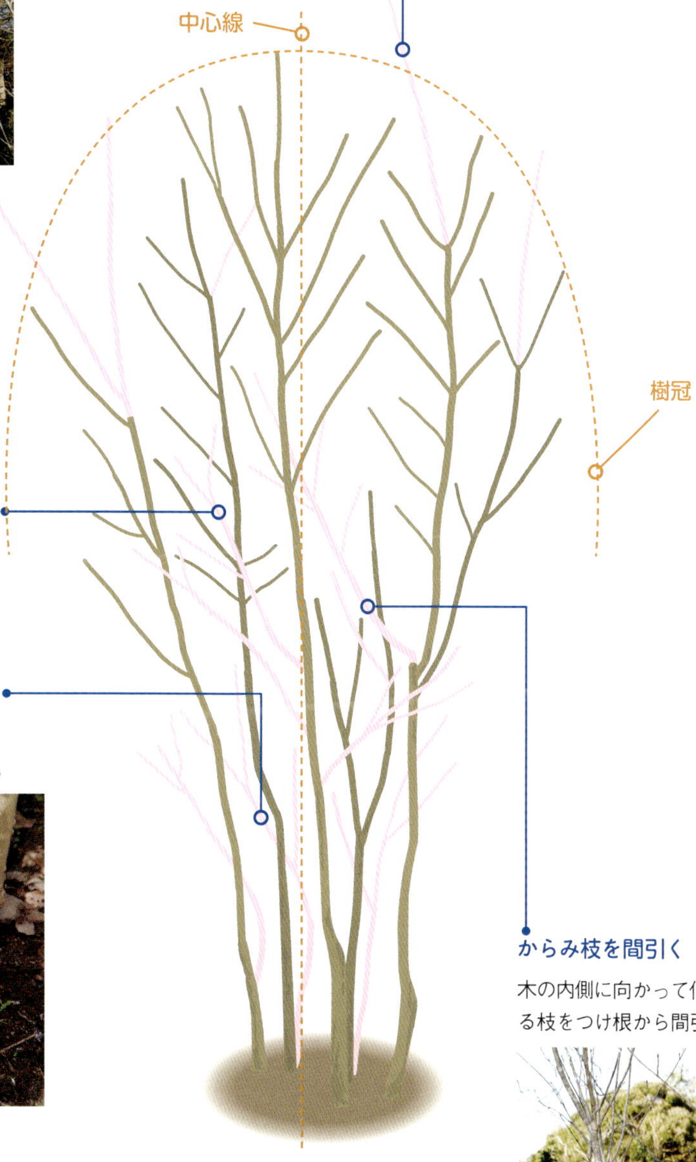

枯れ枝をつけ根から間引く
内部に多くある枯れ枝をつけ根で切り、すっきりさせる。

ひこ生えを地際から間引く
ひこ生えがあると茂りすぎてしまうので、地際から間引く。

からみ枝を間引く
木の内側に向かって伸び、からんでいる枝をつけ根から間引く。

剪定・管理のポイント

- 夏には、不要枝の整理などの軽い剪定をし、冬には不要枝の整理に加えて、樹形を小さくするために太い枝を切ることができる。
- 放っておくと横に広がるため、横に伸びた枝を切りながら、形をととのえる。
- 枝は堅く粘りがあるので、間引いた枝は支柱などに活用することができる。

ウメモドキ

モチノキ科　モチノキ属

幹が細く、多くは株立ち状となります。晩秋になると、赤く熟す実を楽しむことができます。実は冬から早春にかけて観賞できるため、冬の庭の彩りとなります。成長は遅いですが萌芽力があり、小枝をよく出します。白い実のシロウメモドキ、黄色い実のキミノウメモドキもあります。

月	1	2	3	4	5	6	7	8	9	10	11	12
花期					■	■						
花芽分化期			■	■								
剪定期	■	■	■			■	■					■

基本データ

落葉低木

樹形・大きさ

株立ち

2～3m

花色：

実色：

主な仕立て方

株立ち

耐陰性：弱

耐寒性：強

剪定回数：夏1回・冬1回

夏の剪定（6月下旬～7月）

混み合った枝を間引く

太い枝は切らず、枝が混んだ部分や、樹冠内部の細かい枝を間引くようにする。

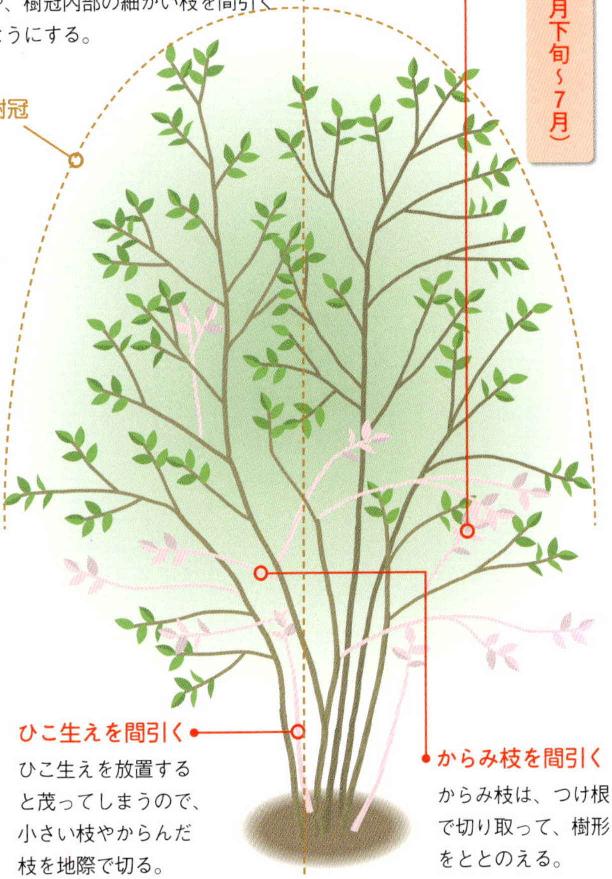

ひこ生えを間引く

ひこ生えを放置すると茂ってしまうので、小さい枝やからんだ枝を地際で切る。

からみ枝を間引く

からみ枝は、つけ根で切り取って、樹形をととのえる。

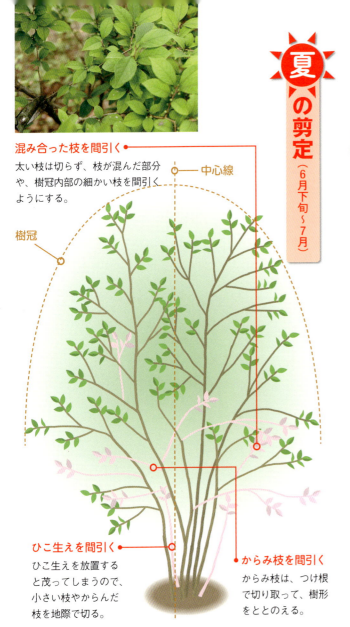

冬の剪定（12〜3月）

枝を間引く

混み合った枝をつけ根で切り、夏場の風通しを確保する。

芯を1本に

中心の枝が枝分かれしている場合、どちらかをつけ根で切って芯を1本にする。

からみ枝を間引く

からみ枝は樹形を乱すため、枝のつけ根で切り取る。

ひこ生えを間引く

ひこ生えがあると枝葉が茂りすぎるため、見つけ次第早めに切り取る。

剪定・管理のポイント

- 剪定をするほど実がつかなくなるため、夏も冬も枝を間引く程度の軽い剪定が基本で、樹形を作り直す場合は冬に太い枝を切る。
- 雌雄異株であるため、実を楽しむためには雌株を選ぶ。
- 乾燥にやや弱いので、水切れしないように注意する。

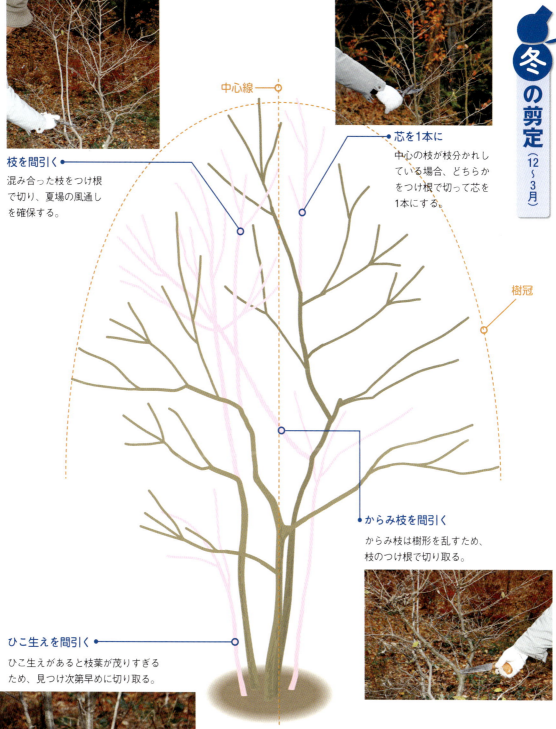

エゴノキ

エゴノキ科　エゴノキ属

卵形で比較的ととのった美しい自然樹形となります。葉は小さく枝ぶりが繊細なため、剪定では枝先のやわらかさを残すことを意識しましょう。花は白色で小さな釣り鐘状で、小枝の先から垂れ下がるように咲きます。秋には白色を帯びた緑色の実をつけ、熟すと黒くなります。

月	1	2	3	4	5	6	7	8	9	10	11	12
花期					■	■						
花芽分化期							■	■				
剪定期		■	■	■	■	■						■

基本データ

落葉高木

樹形・大きさ

卵形

4〜10m

花色：○

実色：●

主な仕立て方

卵形

耐陰性：普通

耐寒性：強

剪定回数：夏1回・冬1回

夏の剪定（6月）

樹冠をととのえる

中心線を決め、中心線を基準にして樹冠を設定し、樹冠からはみ出た枝を間引く。

ひこ生えの整理

ひこ生えを地際で間引いて整理し、全体の枝数を減らす。

枯れ枝の間引き

枯れ枝をつけ根から切り取る。

冬の剪定（2～3月）

樹冠をととのえる

中心線を中心にして樹冠を決め、そこからはみ出た枝を切り戻し、樹冠をととのえる。

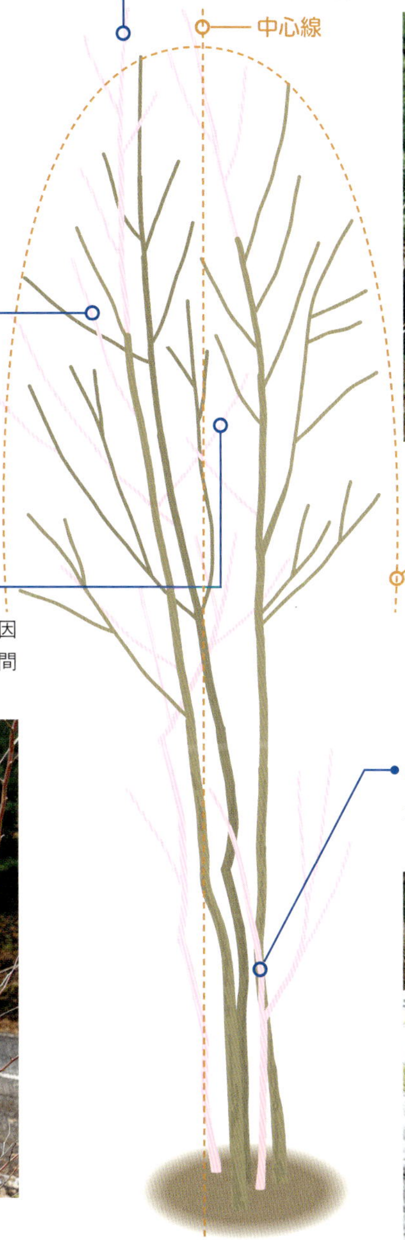

枯れ枝を間引く

手で折れるものは、手で折って取ってもよい。

内向枝を間引く

株内が混み合い、樹形が乱れる原因となるため、内向枝はつけ根から間引く。

ひこ生えの整理

地際から生える細いひこ生えやからんでいる枝を切り取り、整理する。

剪定・管理のポイント

- 夏には不要枝の間引きをし、樹形を小さくしたい場合は冬に太い枝を切る。
- 自然樹形を生かすため、夏も冬もなるべく軽い剪定をするとよい。
- カミキリムシの幼虫が発生することがあるので、幹に穴を見つけ次第薬剤を散布する。

オトコヨウゾメ

レンプクソウ科　ガマズミ属

放任しても樹形はよくまとまります。葉は薄く、深緑色をしていますが、乾燥させると黒く変色します。初夏、枝先に垂れ下がるように、わずかに淡紅色を帯びた白色の小さな花を5～10個つけます。果実は長さ5～8㎜のだ円形で、はじめは淡緑色ですが、秋に赤く熟します。

月	1	2	3	4	5	6	7	8	9	10	11	12
花期					■	■						
花芽分化期							■	■				
剪定期	■	■	■			■	■				■	■

基本データ

落葉低木

樹形・大きさ

株立ち

2～5m

花色：○

実色：●

主な仕立て方

株立ち

耐陰性：弱

耐寒性：普通

剪定回数：夏1回・冬1回

夏の剪定（6月下旬～7月上旬）

からみ枝を間引く

樹冠の内側に向かって伸び、ほかの枝にからんでいる枝は、樹形を乱し、枝葉が混み合う原因となるので、つけ根で切り取る。

樹冠をととのえる

樹冠から伸び出て樹形を乱す枝は、枝のつけ根から間引く。

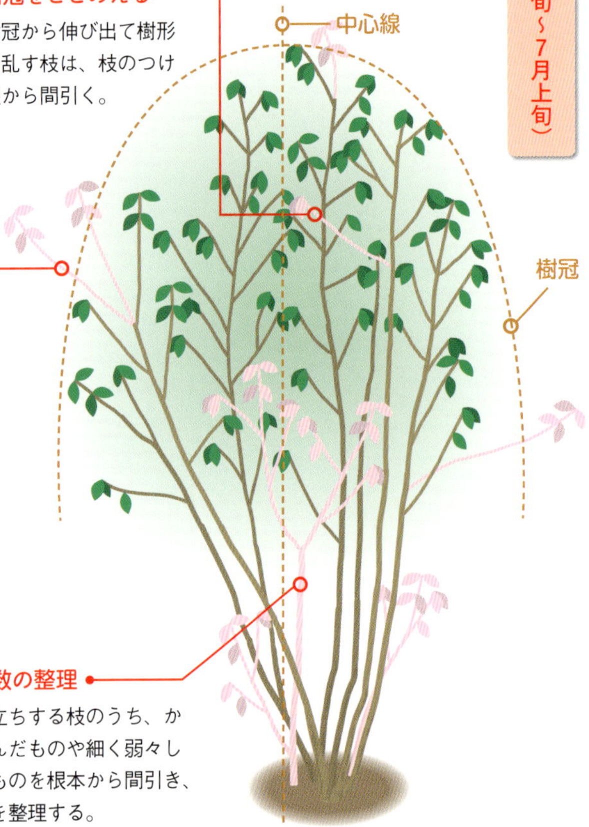

枝数の整理

株立ちする枝のうち、からんだものや細く弱々しいものを根本から間引き、株を整理する。

冬の剪定（12～3月上旬）

樹冠をととのえる
中心線を中心に樹冠を決め、そこから出ている枝をつけ根で間引く。

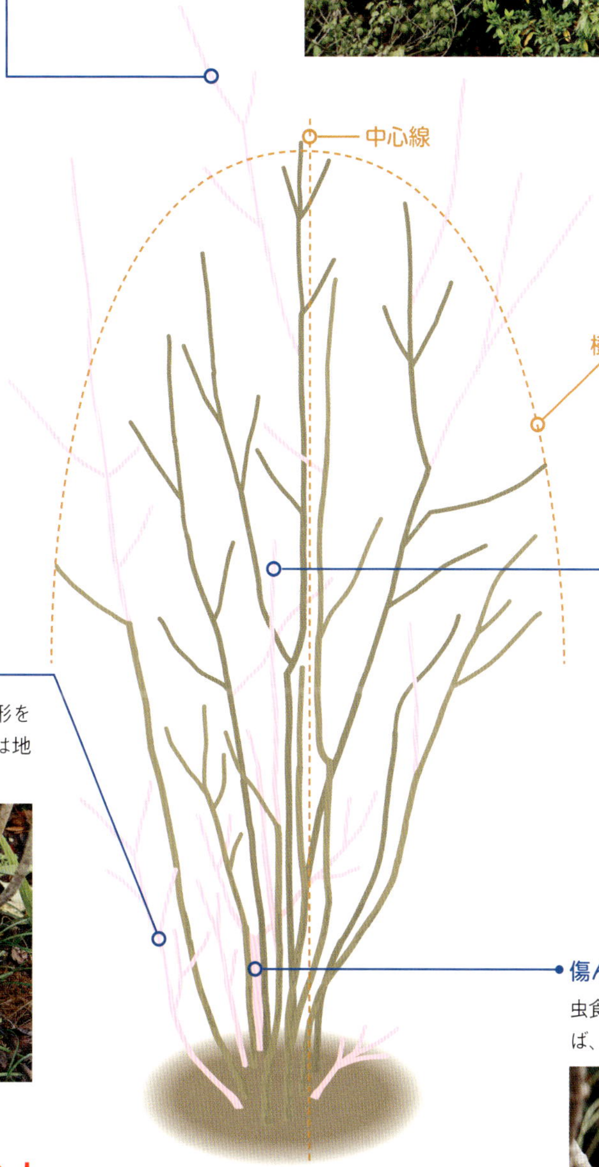

混み合った枝を間引く
樹冠内部の混み合った枝は、つけ根から間引く。

枝数の整理
株立ちする枝のうち、樹形を乱すような細く短いものは地際で切る。

傷んだ枝を間引く
虫食いなどで大きく傷んだ枝があれば、地際で切る。

剪定・管理のポイント

- 秋に実がつくので夏の剪定は不要枝の間引きなど必要最小限にし、太い枝の剪定は冬にする。
- 枝先はなるべく切らず、枝の間引きで自然な樹形を維持する。
- 乾燥に弱く、春先の強風で新緑が傷むことがあるので、風当りの強くないところに植えつける。
- 日当たりが悪い場所では実つきが悪くなるので、できるだけ日当たりのよい場所に植えつける。

カエデ・モミジ

ムクロジ科　カエデ属

鮮やかで美しい色に紅葉することから、日本の秋を象徴する庭木として高い人気を誇っています。繊細な枝ぶりを楽しむため、基本的には自然樹形で楽しみます。一般的には葉が大きいものをカエデ、小さいものをモミジといいます。最近では、斑入りの品種なども出回っています。

月	1	2	3	4	5	6	7	8	9	10	11	12
花期				■	■							
花芽分化期												
剪定期						■	■				■	■

基本データ

落葉高木

樹形・大きさ

5～25m

花色：ー

実色：●

主な仕立て方

耐陰性：普通

耐寒性：強

剪定回数：夏1回・冬1回

夏の剪定（6～7月）

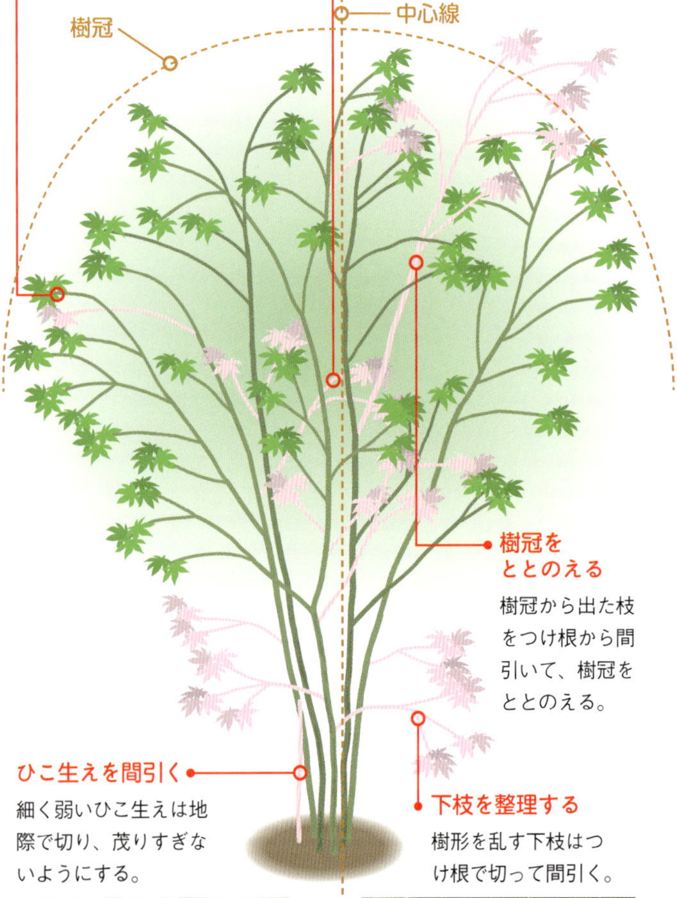

枯葉を摘む

枯葉をていねいに摘み取ると仕上がりが美しくなる。

混み枝を整理する

茂りすぎるので、混み枝をつけ根から間引く。

樹冠をととのえる

樹冠から出た枝をつけ根から間引いて、樹冠をととのえる。

ひこ生えを間引く

細く弱いひこ生えは地際で切り、茂りすぎないようにする。

下枝を整理する

樹形を乱す下枝はつけ根で切って間引く。

冬の剪定（11～12月）

からみ枝を間引く
樹形を乱すからみ枝をつけ根で切り、樹形をととのえる。

枝を間引く
混み合った枝をつけ根から間引き、夏に葉が混みすぎないようにする。

枯れ枝を取る
内部に多くある枯れ枝を、すべてつけ根から切り取る。

樹冠をととのえる
樹冠から出た枝をつけ根で切って樹冠をととのえる。

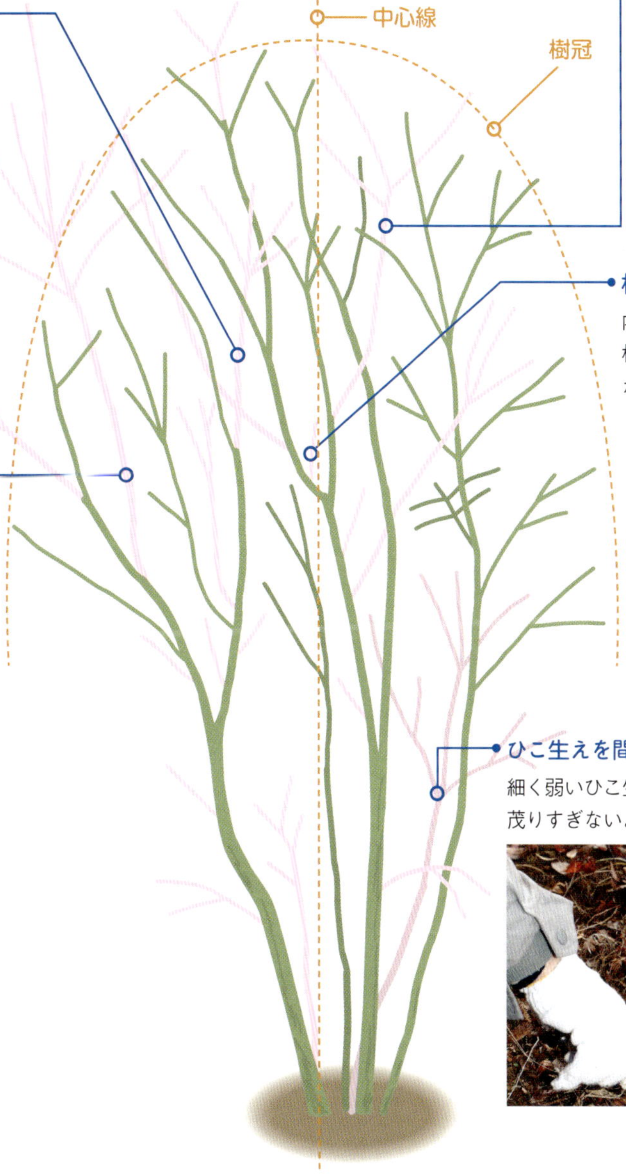

ひこ生えを間引く
細く弱いひこ生えは地際で切り、茂りすぎないようにする。

剪定・管理のポイント

- 夏には密集した枝を間引き、冬には太めの枝を間引いて樹形を作る。
- 活動開始時期がほかの樹木に比べて早いため、冬の剪定は12月中に終えるとよい。
- 枝先を切りそろえてしまうと、かたい印象になるので、剪定は間引きを基本とする。
- 太い枝を切るとそこから枯れ込む場合があるので、切り口に癒合剤などを塗るとよい。
- カミキリムシの幼虫の被害が出ることがあるので、幹に穴を見つけ次第薬剤を散布する。

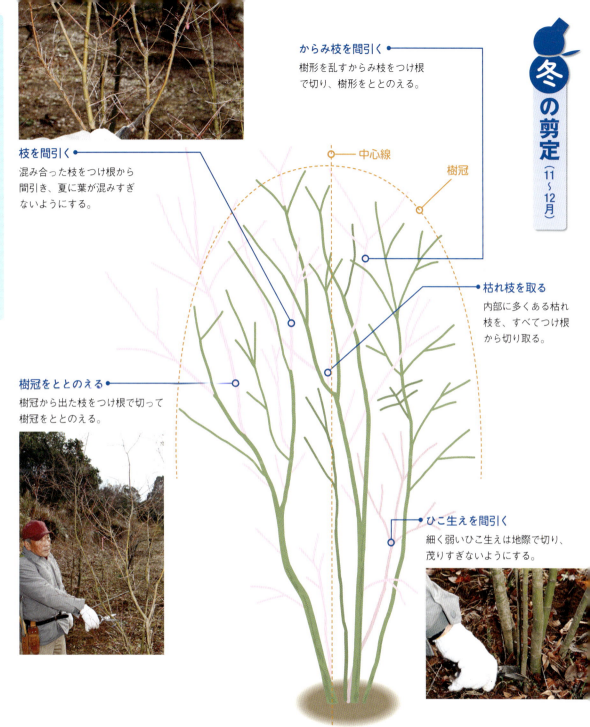

クロモジ

クスノキ科　クロモジ属

若い枝に現れる黒い斑紋が文字のように見えることから、この名がついたといわれています。枝葉に含まれる油には芳香成分があるため、これをしぼって作った黒文字油は、かつて化粧品やせっけんなどに使われていました。また、枝は爪楊枝の原料としても知られています。

月	1	2	3	4	5	6	7	8	9	10	11	12
花期			■	■								
花芽分化期							■	■				
剪定期	■	■	■			■					■	■

基本データ

落葉低木

樹形・大きさ

株立ち

2〜4m

花色：○

実色：●

主な仕立て方

株立ち

耐陰性：強

耐寒性：強

剪定回数：夏1回・冬1回

夏の剪定（6月）

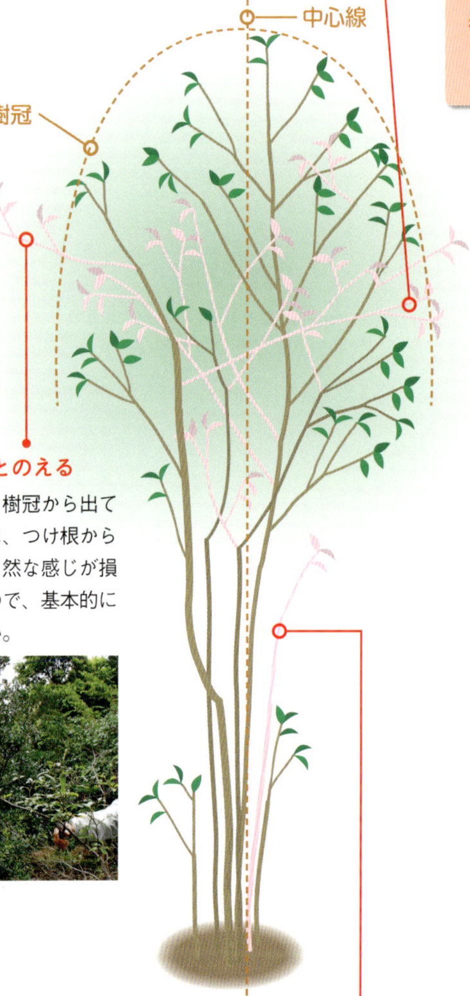

からみ枝を間引く

大きくからんで樹形を乱している枝をつけ根で切る。

樹冠をととのえる

枝が大きく樹冠から出ている場合は、つけ根から間引く。自然な感じが損なわれるので、基本的には切らない。

ひこ生えを間引く

ひこ生えが多く生えるので、2〜3本を残して間引く。若い枝に更新する際にひこ生えを使うので、すべては間引かない。

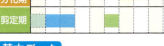

不要枝を間引く

からみ枝や、混み枝などの不要枝をつけ根で切って樹形をととのえる。

樹冠をととのえる

樹冠から大きくはみ出て樹形を乱す枝をつけ根で切る。

枝を更新する

枝は5～10年で枯れる。そのため、上部が枯れはじめている枝（写真右：枯れて変色している）を地際で切り（写真左）、若いひこ生えを育てることで枝を更新する。

ひこ生えを残す

ひこ生えはやがて枝となるので、太くまっすぐなものは間引かずに残す。

剪定・管理のポイント

- 自然樹形を楽しむので、夏の剪定は不要枝を軽く間引く程度にし、冬には古い枝を地際で間引く。
- 半日陰を好み、日当たりがよすぎると乾燥して葉が傷むことがある。
- 枝は5～10年程度で枯れるため、枯れはじめた古い枝は地際で間引いて、若いひこ生えを育てることで枝を更新する。
- カイガラムシがつくことがあるので、見つけ次第、歯ブラシなどでこすり落とす。

シダレモミジ

ムクロジ科　カエデ属

ヤマモミジの枝垂れ品種で、日本を代表する樹木のひとつとして、広く楽しまれています。紅葉が楽しめるほか、緑色の葉や落葉後の枝ぶりも美しく、一年中楽しめます。葉が緑色のアオシダレなどの品種もあります。剪定は紅葉が終わる11～1月が適期ですが、7～8月にも可能です。

月	1	2	3	4	5	6	7	8	9	10	11	12
花期												
花芽分化期												
剪定期												

基本データ

落葉低木

樹形・大きさ

枝垂れ

2～5m

花色：◯

実色：—

主な仕立て方

枝垂れ

耐陰性：普通

耐寒性：強

剪定回数：夏1回・冬1回

夏の剪定（7月下旬～8月上旬）

混み枝を間引く

混み合った枝はつけ根で切って風通しをよくする。

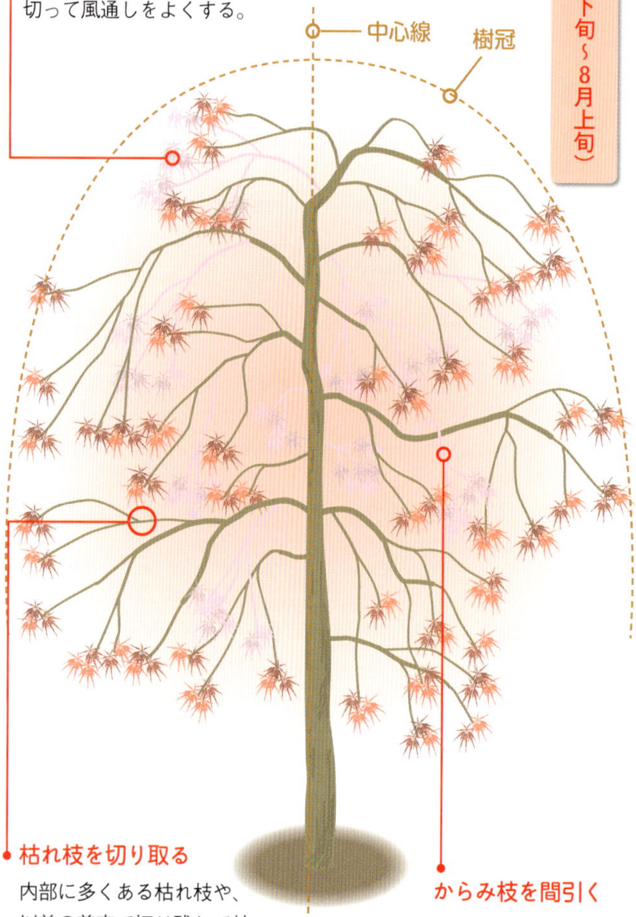

枯れ枝を切り取る

内部に多くある枯れ枝や、以前の剪定で切り残して枯れ込んでいる枝（下写真）をつけ根で切る。

からみ枝を間引く

樹形を乱すからみ枝は、つけ根で切る。

冬の剪定（11～1月）

混み枝を間引く

細かい枝が多く出て（写真右）、夏には葉が混み合うので、枝をつけ根で切って（写真左）風通しを確保する。

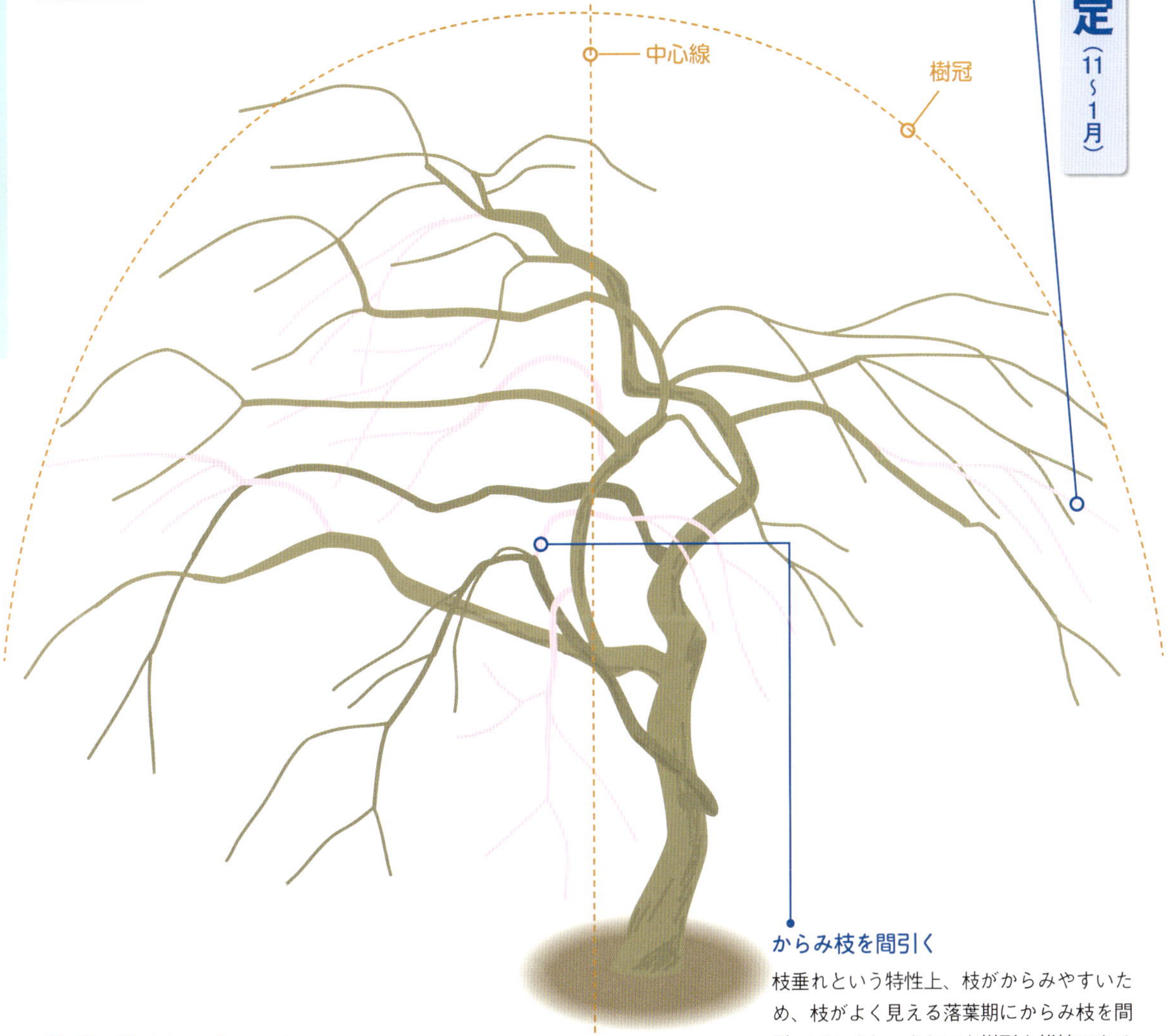

からみ枝を間引く

枝垂れという特性上、枝がからみやすいため、枝がよく見える落葉期にからみ枝を間引いておくと、きれいな樹形を維持できる。

剪定・管理のポイント

- 夏も冬も不要枝の間引きをする。とくに冬には葉がなくからみ枝を見つけやすいので、重点的に間引く。
- 枝先が流れるように枝垂れると美しいため、枝先の切り戻しはせず、枝の間引きを基本とする。
- 立ち枝やまっすぐ下に伸びる枝を切り、横から下に向かって1本の線のようにカーブするよう剪定すると樹形が美しくなる。
- 夏場には、乾燥を防ぐために、株元にマルチングをするとよい。
- カミキリムシの幼虫がつくことがあるので、幹に穴を見つけ次第薬剤を散布する。

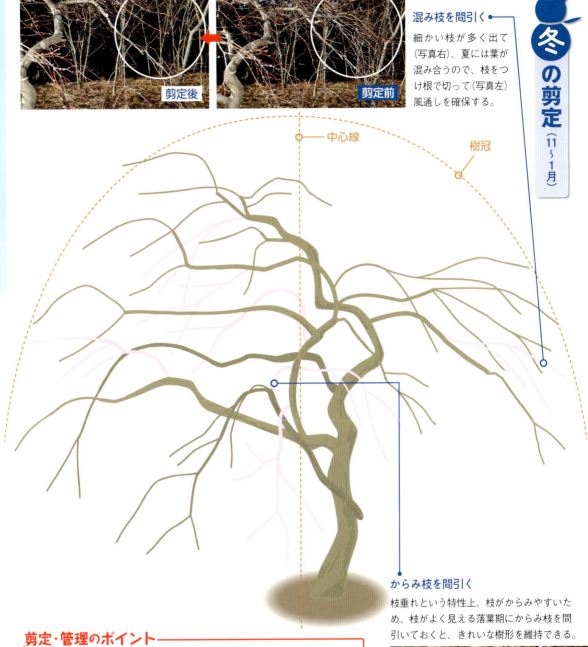

ドウダンツツジ

ツツジ科　ドウダンツツジ属

春にはスズランによく似た釣鐘状の花がいっせいに咲く姿が、秋には鮮やかな紅葉が楽しめます。葉が落ちた後の枝も繊細で趣があるため、1年を通して楽しめます。刈り込み剪定にも向き、ポピュラーな植え込みとして親しまれています。乾燥すると葉が落ちるので、水切れに注意します。

月	1	2	3	4	5	6	7	8	9	10	11	12
花期			■	■								
花芽分化期							■	■				
剪定期	■	■	■		■						■	■

基本データ

落葉低木

樹形・大きさ

半球形

1～5m

花色：○

実色：—

主な仕立て方

半球形

生け垣

耐陰性：普通

耐寒性：強

剪定回数：夏1回・冬1回

夏の剪定（5月）

長枝を間引く

長枝が出やすいので、樹冠の内側で枝分かれしている部分で切り取る。

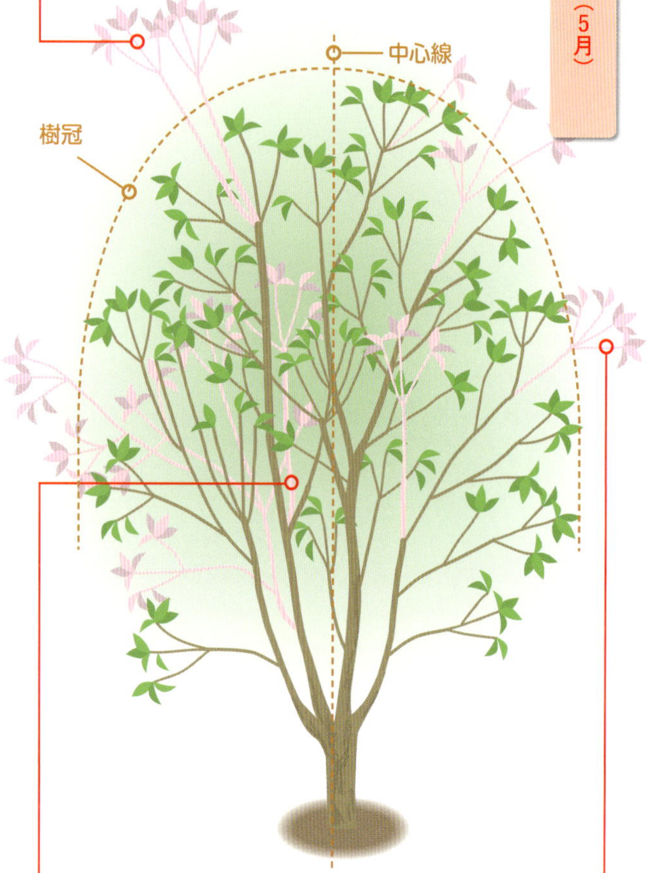

枝を間引く

枝葉が密になりやすく、風通しが悪くなるため、混んでいる枝をつけ根で切って風通しを確保する。

樹冠をととのえる

樹冠から出ている枝は、枝分かれしているところで切る。樹冠内部で切ると切り口が目立たない。

冬の剪定（1～3月）

樹冠をととのえる

樹冠から出ている枝を、つけ根で切って樹冠をととのえる。

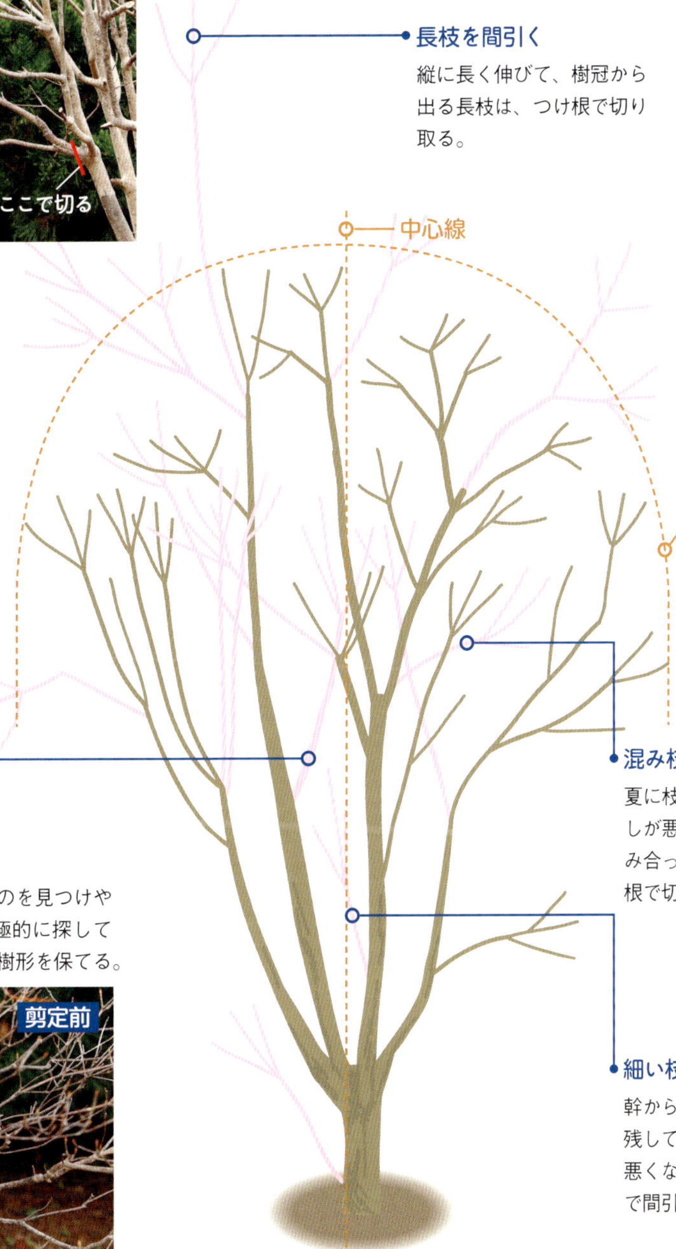

長枝を間引く

縦に長く伸びて、樹冠から出る長枝は、つけ根で切り取る。

混み枝を間引く

夏に枝葉が茂って風通しが悪くなるので、混み合っている枝をつけ根で切る。

からみ枝を間引く

落葉期には枝がからんでいるのを見つけやすい（写真上）。そのため積極的に探して間引く（写真下）と、美しい樹形を保てる。

細い枝を間引く

幹から生える細い枝を残しておくと風通しが悪くなるので、つけ根で間引く。

剪定・管理のポイント

- 夏の剪定では、花が咲き終わった後に内側の小枝などの不要な枝や、樹冠からはみ出た枝を整理し、冬の剪定では、夏に気づかなかった不要枝（とくにからみ枝）を間引き、枝の太さをそろえる。
- 萌芽力が強いので、刈り込み剪定をすれば、生け垣などにも利用できる。
- 刈り込み剪定ばかりをしていると、樹冠表面の葉が混み合い、内部の枝が枯れてくるので、枝の間引きも必要。
- うどんこ病やカイガラムシが出ることがあるので、枝を透かして樹冠内部の風通しと日当たりを確保する。

ニシキギ

ニシキギ科　ニシキギ属

低い山や人里近くの林などに自生する木で、枝に翼とよばれるコルク質の板のような羽がついているのが特徴です。春に咲く黄緑色の花は目立ちませんが、秋には色鮮やかに紅葉し、真っ赤な実をたくさんつけます。ただし、日当たりが悪いと色がくすみ、実つきも悪くなります。

月	1	2	3	4	5	6	7	8	9	10	11	12
花期					●	●						
花芽分化期								●				
剪定期	●	●	●		●	●					●	●

基本データ

落葉低木

樹形・大きさ　半球形　2～3m

花色：（緑）

実色：（赤）

主な仕立て方　半球形　生け垣

耐陰性：普通

耐寒性：強

剪定回数：夏1回・冬1回

夏の剪定（5月下旬～6月）

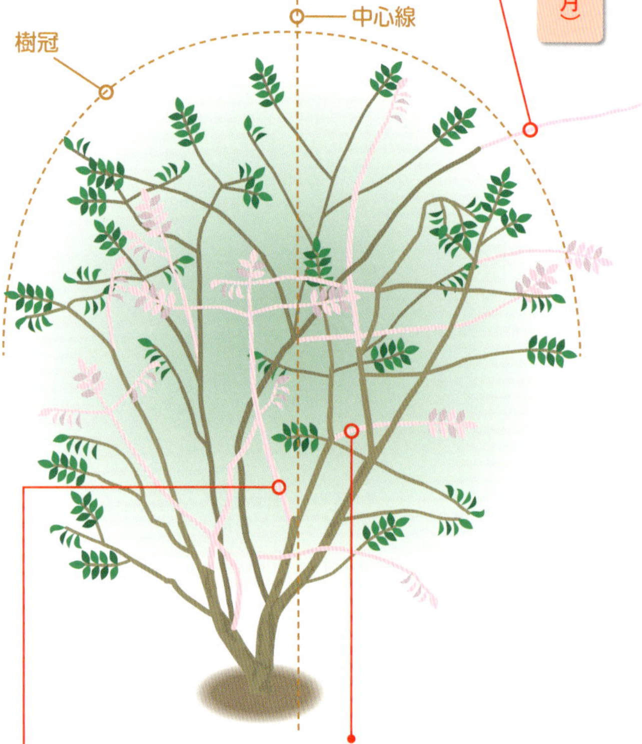

樹冠をととのえる

樹冠から大きくはみ出ている枝を切り、樹冠をととのえる。

混み合った枝を間引く

枝葉が混み合っているところの枝を、つけ根から間引く。

からみ枝を間引く

枝がからみやすいので、枝のつけ根から間引いて、樹形をととのえる。

冬の剪定（11月下旬～3月）

樹冠をととのえる

樹木の中心となる中心線を設定し、それを中心に樹冠を決めて、樹冠から出た枝を間引く。

混み合った枝を間引く

ニシキギは1か所から4～5本の枝が出やすいので、混み合わないように、1～2本を間引く。

枯れ枝を間引く

日の当たりにくい樹冠内部には、枯れ枝があるので、すべて切り取る。

剪定・管理のポイント

- 枝がからみやすいので、夏はからみ枝を間引き、樹形を小さくしたい場合には、冬に太い枝を切る。
- 放任しても樹形が乱れにくいので、剪定は不要枝を整理する程度でよい。
- 日当たりが悪いと紅葉や実つきが悪くなることがある。
- 夏に乾燥すると紅葉に影響が出るため、土の表面が乾いたら水をあげるとよい。

ミツマタ

ジンチョウゲ科　ミツマタ属

江戸時代のはじめに中国から伝わったといわれています。和紙の原料として広く利用されてきた身近な樹木です。枝が3つに分かれるのが名前の由来で、漢字で「三叉」と書きます。樹形は自然にまとまりやすく、剪定しすぎると枝ぶりが悪くなるので、不要な枝を整理する程度で大丈夫です。

月	1	2	3	4	5	6	7	8	9	10	11	12
花期			■	■								
花芽分化期							■	■				
剪定期	■	■		■	■							□

基本データ

落葉低木

樹形・大きさ

半球形

3m

花色：

実色：

主な仕立て方

半球形

耐陰性：普通

耐寒性：普通

剪定回数：夏1回・冬1回

夏の剪定（4月下旬～5月）

混み枝を間引く

混み枝はつけ根で切り、風通しや樹冠内部への日当たりを確保する。

ひこ生えを間引く

ひこ生えが多く出て樹形が乱れ、風通しが悪くなるので、地際で切り、すっきりさせる。

からみ枝を間引く

大きくからんで樹形を乱している枝を、つけ根で切り取る。

冬の剪定（1～2月）

樹冠をととのえる

樹冠から大きく出て樹形を乱す枝をつけ根で切って、樹冠をととのえる。

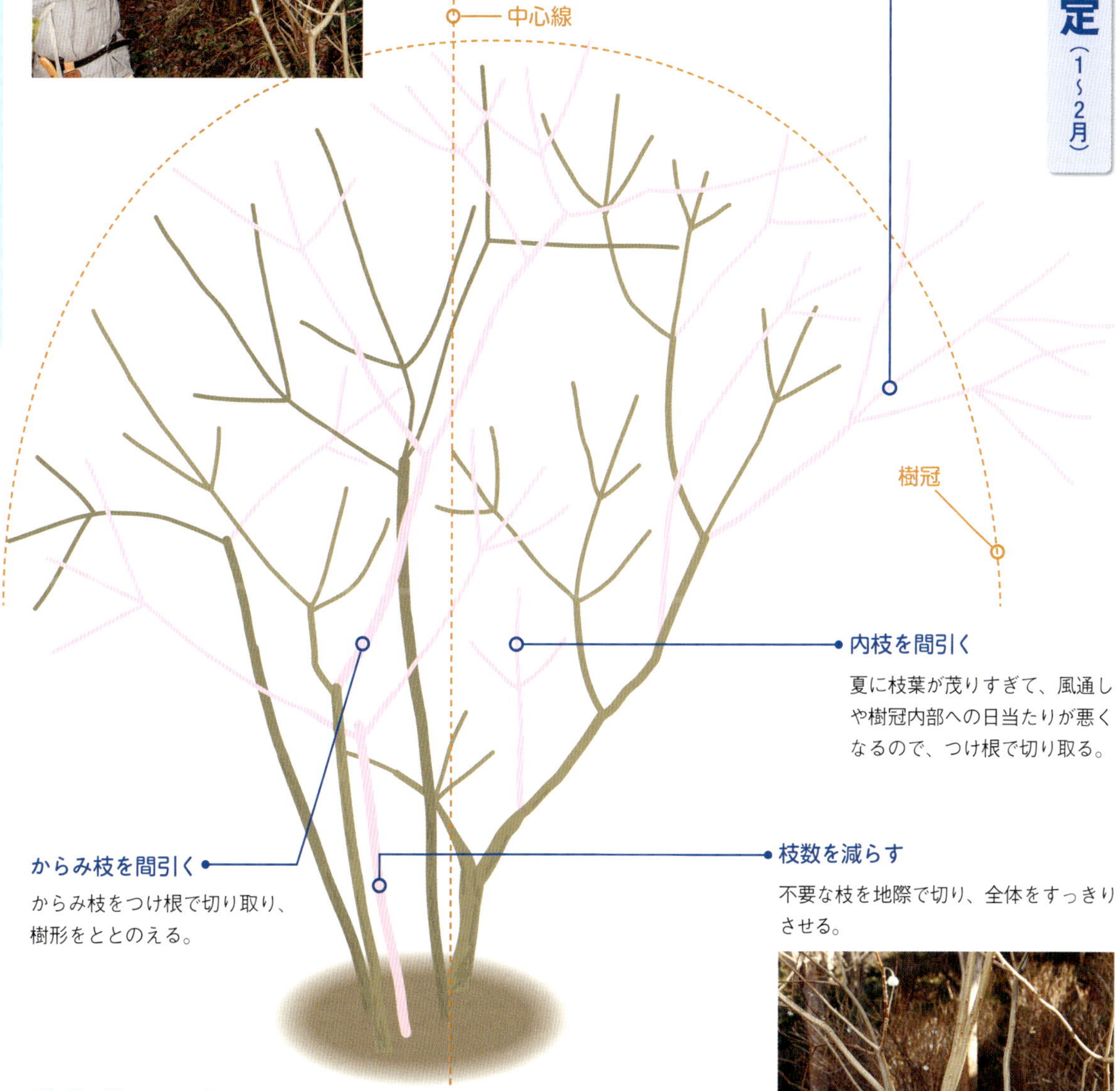

内枝を間引く

夏に枝葉が茂りすぎて、風通しや樹冠内部への日当たりが悪くなるので、つけ根で切り取る。

からみ枝を間引く

からみ枝をつけ根で切り取り、樹形をととのえる。

枝数を減らす

不要な枝を地際で切り、全体をすっきりさせる。

剪定・管理のポイント

- 夏には不要枝を間引いて風通しと樹冠内部への日当たりを確保し、冬に太めの枝を切って樹形をととのえる。
- 湿潤地を避けて、排水のよい場所に植えつけるとよい。
- 基本的には樹形の乱れにくい樹木のため、不要枝の間引きや樹冠から大きく出た枝の整理程度の剪定におさめる。
- 枝は途中で切っても芽が出ないので、必ず枝分かれのつけ根から切る。
- 幹にカミキリムシの穴を見つけ次第、薬剤を散布する。

コラム

樹形を小さくする「強剪定」

強剪定とは、枝を長く切り取り、残す部分を短くする剪定のことを指します。また、太い枝を切って全体の樹形を小さくするような剪定も強剪定にあたります。反対にあまり枝を切らないことを弱剪定といいます。

ただし、強剪定はいつでもできるものではありません。一般的に、樹木の内部にため込まれている養分は、夏期には成長に使われてほとんどなくなっています。そのため、夏に強剪定をすると木自体が枯れてしまうことがあります。逆に冬であれば、秋にためた養分が豊富にあるため、強剪定をすることができます。

強剪定では太い枝を切るため、簡単に樹形を作り直せそうに思うかもしれませんが、実は簡単にはいきません。樹木は、枝をたくさん切れば切るほど、新しい枝が勢いよく伸びる性質があります。そのため、せっかく強剪定をしても翌年には新しい枝で樹形が乱れやすくなるのです。樹形をコンパクトに保ちたいのであれば、大きくなってから一気に切るのではなく、大きくならないようにこまめに剪定をすることを心がけましょう。

強剪定のイメージ

枝を短く切りつめると、残した枝から白の点線のように勢いよく新しい枝が伸びる。

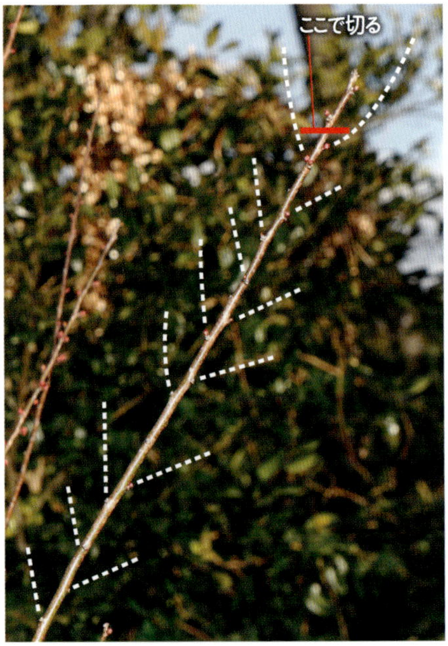

弱剪定のイメージ

枝の先端を少しだけ切ると、残した枝から白の点線のようにゆるやかに新しい枝が伸びる。

第3章

常緑・針葉樹の剪定

アセビ

ツツジ科　アセビ属

春、白く小さい花を穂状にたくさん咲かせますが、花だけでなく新芽の色も美しいため、観賞対象になります。耐陰性が高く、建物の周囲に植えるのに適しています。別名、馬酔木（アシビ）ともいいますが、これは、馬が食べると中毒を起こして酔ったようになることに由来します。

月	1	2	3	4	5	6	7	8	9	10	11	12
花期			●	●								
花芽分化期							●	●	●			
剪定期	○	●	●	●	○	○				○	○	○

基本データ

常緑低木

樹形・大きさ

株立ち

0.6～1.5m

花色：○●

実色：—

主な仕立て方

株立ち

耐陰性：強

耐寒性：普通

剪定回数：1回

花芽の位置

夏ごろに枝の先端に花芽がつき、翌年の春に開花します。

枝の先端に花芽がつく（7～9月）ので、剪定では避けて切る
花芽があるので切れない
花芽があるので切れない
翌年の3～4月にかけて花芽から枝が伸び、そこに開花する

剪定・管理のポイント

- 剪定は、花が咲き終わった後に花柄のついた枝、枯れ枝、混み合った枝などの整理を行う。
- 枯れ防止のため、切り戻すときは葉を残す。
- ハダニやグンバイムシが発生することがあるので、薬剤を散布して防除する。
- 内部に枯れ枝ができやすいので樹冠内に手を入れて探し、取り除く。
- 樹冠から出た枝を間引くときには、ハサミを樹冠内部に入れるようにして切ると、切り口が目立たず、美しい仕上がりになる（下写真）。

枯れ枝を間引く

とくに内側に枯れ枝が多いので、できる限り間引く。

樹冠をととのえる

樹冠から出た枝は樹冠内にハサミを入れて切る。

花柄・実を摘む

花柄（左写真）や実（右写真）が残っていると樹勢が弱くなる原因となるので、切り取る。

アベリア

スイカズラ科　アベリア属

日陰でも日なたでもよく育ち、挿し木で増やすこともできるうえ、病害虫にも強い育てやすい木です。寒冷地では落葉するため、半常緑樹に分類されます。春から秋にかけて白く小さな花を枝先に次々に咲かせ、甘い匂いも楽しめます。自然樹形のほか、生け垣にも向いています。

月	1	2	3	4	5	6	7	8	9	10	11	12
花期					●	●	●	●	●	●	●	
花芽分化期					●	●	●	●	●	●		
剪定期	○	●	●	○	○	○					○	○

基本データ

半常緑低木

樹形・大きさ

株立ち

0.8～1.2m

花色：○●

実色：ー

主な仕立て方

株立ち

生け垣

耐陰性：普通

耐寒性：普通

剪定回数：1回

花芽の位置

その年に伸びた枝の先端～中央に夏ごろ花芽をつけ、夏～秋にかけて開花します。

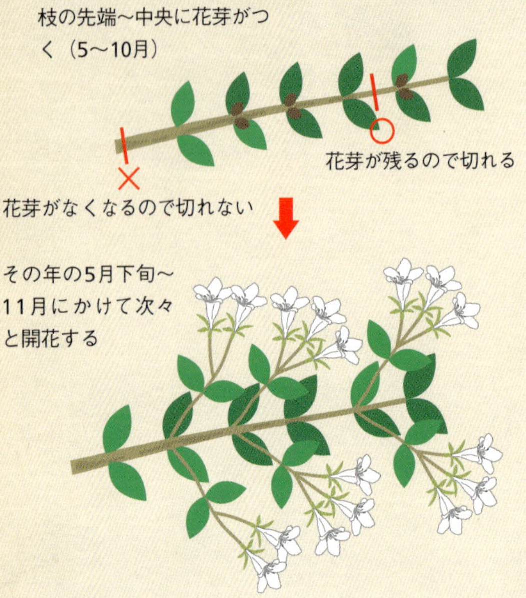
枝の先端～中央に花芽がつく（5～10月）
花芽が残るので切れる
花芽がなくなるので切れない
その年の5月下旬～11月にかけて次々と開花する

剪定・管理のポイント

- 通常は年に1回冬に剪定をするが、成長が早いため、樹形が乱れたら比較的いつでも剪定ができる。
- いつ、どこの枝を切っても再び枝が伸びて花を楽しむことができる。
- 古い枝は地際から30～50cmほどで切り戻して若い枝に更新すると、花芽のつきがよくなる。
- 萌芽力が強いので、下写真のように刈り込み剪定をしてもよい。

樹冠をととのえる

長く伸びて樹冠から出る枝をつけ根から間引いて、樹冠をととのえる。

長枝を間引く

アベリアは、長枝が出やすいため、見つけたらつけ根から間引く。

内部を整理する

樹冠内部には枯れ枝が多くあるのですべて取ってきれいにする。からみ枝や混み枝も同様に間引いて樹形をととのえる。

エニシダ

マメ科　エニシダ属

ヨーロッパ原産の低木で、常緑性の品種と落葉性の品種があります。もともとは乾燥地域の植物のため、水分を逃さないように葉が小さく、落葉性のエニシダが落葉しても、見た目にはあまり変化がありません。枝は細く弓状にしなり、5～6月に、黄色の蝶形花が多数咲きます。

月	1	2	3	4	5	6	7	8	9	10	11	12
花期					■	■						
花芽分化期							■	■	■	■		
剪定期						■	■					

基本データ

常緑または落葉低木

樹形・大きさ

株立ち

1.5～3m

花色：○（黄）

実色：●（黒）

主な仕立て方

株立ち

耐陰性：普通

耐寒性：強

剪定回数：1回

花芽の位置

夏に枝全体の葉のつけ根に花芽がつき、翌年の初夏に開花します。

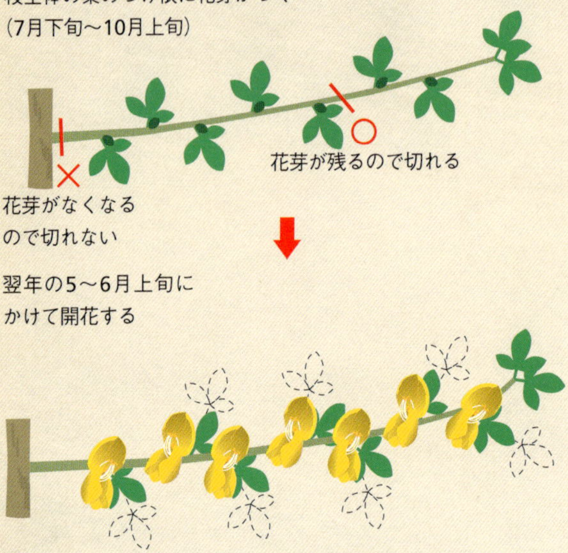
枝全体の葉のつけ根に花芽がつく
（7月下旬～10月上旬）
花芽が残るので切れる
花芽がなくなるので切れない
翌年の5～6月上旬にかけて開花する

剪定・管理のポイント

- 花芽は7月下旬ごろ、その年伸びた枝の葉のつけ根にできるため、剪定は花が咲き終わったらすぐに行う。
- 自然樹形を楽しむために、全体を剪定することはせず、混み合った部分だけを間引いて樹形を維持するようにする。
- 樹冠の大きさのわりに幹が細いので倒れやすい。倒れそうな場合は支柱を立てる。
- 花柄や実が次々とつくが、ていねいに摘み取ることで樹勢を保つことができる（下写真）。

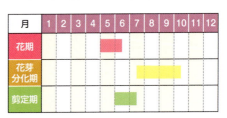

長枝を切り戻す

背の高い枝は倒れやすいので、切り戻して高さをおさえる。

花柄を摘む

手でかんたんに取れるので、花が咲き終わった後、花柄を摘み取る。

混み枝を間引く

株立ちする枝のうち、混み合っているものやからんでいるものを、地際で切り、すっきりさせる。

枯れ枝を取る

株元近くに枯れ枝ができやすいので、それらを含め、枯れた枝はすべてつけ根から切り取る。

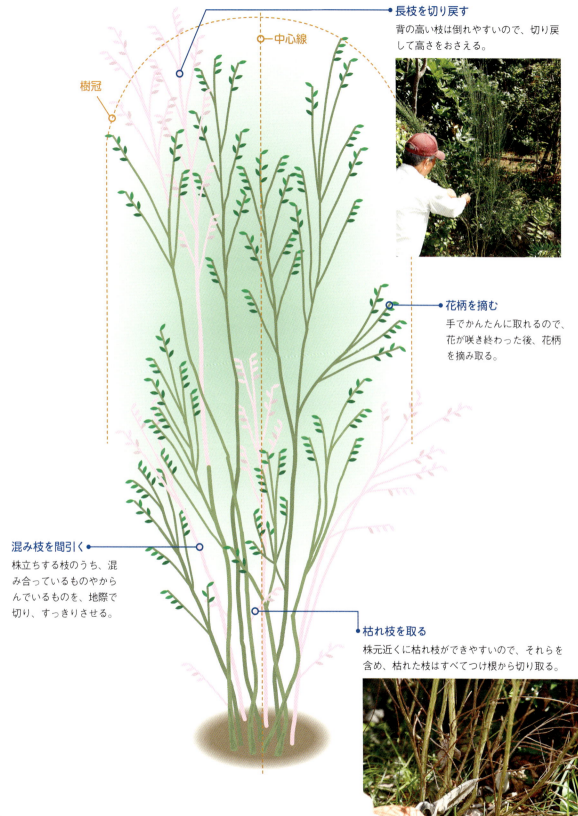

オリーブ

モクセイ科　オリーブ属

地中海沿岸原産で、葉の色がグレーがかっていて美しい樹木です。ある程度の寒さに耐え、乾燥に強く、また実は、塩漬けなどで食用となることから庭木としても人気があります。萌芽力が強いので、刈り込み剪定をすることもできますが、実の数が減ってしまう可能性があります。

月	1	2	3	4	5	6	7	8	9	10	11	12
花期					■							
花芽分化期	■	■										
剪定期		□	■	□	□	□	□					

基本データ

常緑小高木

樹形・大きさ

卵形

3〜8m

花色：○

実色：●

主な仕立て方

卵形

スタンダード

耐陰性：普通

耐寒性：普通

剪定回数：1回

花芽の位置

冬に枝の中間付近の葉のつけ根に花芽がつき、その年の春に開花します。

枝の中間付近の葉のつけ根に広く
花芽がつく（1〜2月）
花芽があるので
切れない
花芽がないので切れる
その年の5月ごろに、花芽から伸びた短枝に開花・結実し、
10月ごろに熟す

剪定・管理のポイント

- 暖地の樹木のため、厳寒期の剪定は避ける。
- ある程度の寒さには耐えるが、凍結や霜に弱いので、寒地での栽培には向かない。
- 花芽がつく1月の平均気温が10度以下にならないと、花芽がつきにくい。
- 花芽は枝の中間付近につくので、枝先1/3〜1/2程度であれば、切ってもある程度の花芽が残る。
- 隔年結果（果実が多くなる年と少ない年が交互にくること）が起こりやすいので、7月中旬〜8月中旬ごろに葉8枚に対して1果を目安に間引くとよい。

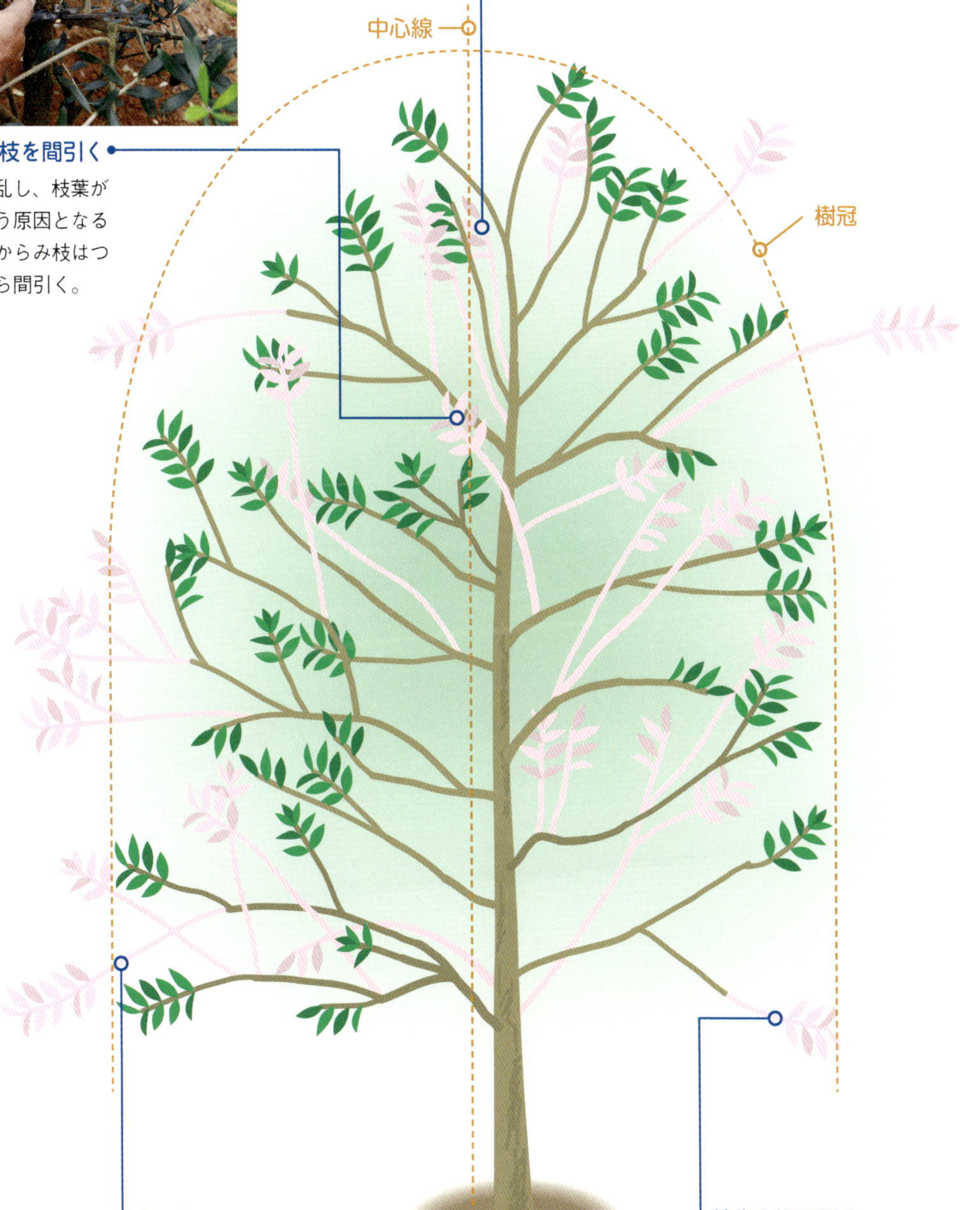

枝を間引く

葉が触れ合わない程度に、混み合った枝を間引いて、風通しを確保する。

からみ枝を間引く

樹形を乱し、枝葉が混み合う原因となるので、からみ枝はつけ根から間引く。

樹冠をととのえる

樹冠から出た枝は、枝のつけ根で切って、樹冠をととのえる。

枝先を切り戻す

20cm以上の枝は、先端から1/3から1/2程度切り戻すと、充実した枝が伸びる。花芽は枝の中央付近につくため、花芽がなくなる心配はない。

カラタネオガタマ

モクレン科　オガタマノキ属

中国原産で、春から初夏にかけて小さな黄色い花を咲かせます。花からはバナナのような甘い匂いがします。あまり大きくならないため管理がしやすいこと、花だけでなく葉も美しく、1年中楽しめることから、人気の木です。自然樹形なら、剪定にそれほど神経質になる必要はありません。

月	1	2	3	4	5	6	7	8	9	10	11	12
花期				■	■	■						
花芽分化期							■	■				
剪定期		□	□	■	■	■						

基本データ

常緑低木

樹形・大きさ

卵形　株立ち　3～4m

花色：○●

実色：●

主な仕立て方

卵形　株立ち

耐陰性：普通

耐寒性：弱

剪定回数：1回

花芽の位置

夏に葉のつけ根に花芽がつき、翌年の春～初夏にかけて開花します。

先端付近の葉のつけ根に花芽がつくので、剪定では避けて切る（7月下旬～8月）
花芽があるので切れない
花芽があるので切れない
翌年の4月下旬～6月にかけて開花する

剪定・管理のポイント

- 放置すると樹形が乱れるので、初夏、花が咲いた後に不要な枝を間引き、樹形をととのえる。
- 木の内側に向かって伸びる枝を間引くと、美しい樹形になるとともに風通しがよくなり、病害虫を防ぐことができる。
- 花芽のある時期でも、花芽を確認しながら剪定してよい。
- 長枝には花芽がつきにくいので、つけ根から間引くか、4～5芽残して切るとよい（下写真）。

樹冠をととのえる

長く伸びて樹冠から出ている枝を、つけ根から間引く。

枯れ枝を取る

日の当たりにくい内側には枯れ枝が多くあるので、すべてハサミまたは手で取る。

混み枝を間引く

葉が混み合って風通しが悪いと病害虫の被害にあうことがあるので、混み合った部分の枝を、つけ根から間引く。

からみ枝を間引く

樹形を乱すからみ枝を、つけ根から間引く。

柑橘類

ミカン科　カンキツ属、キンカン属、カラタチ属

柑橘類は、ウンシュウミカンやレモン、ユズといったミカン科の果樹のことをいいます。多くの種類・品種がありますが、そのほとんどで管理や剪定の作業がほぼ同じです。気軽に育てられ、実つきもいいため、庭木としても人気がありますが、寒さに弱く、寒冷地には向きません。

月	1	2	3	4	5	6	7	8	9	10	11	12
花期					■							
花芽分化期	■	■	■							■	■	■
剪定期		■	■									

基本データ

常緑小高木

樹形・大きさ

半球形

2～10m

花色：○

実色：●●

主な仕立て方

半球形

耐陰性：普通

耐寒性：弱

剪定回数：1回

花芽の位置

冬に、枝の先端付近に花芽がつき、その年の初夏に開花します。

枝の先端に花芽がつく（10～3月）ので、剪定では避けて切る
花芽があるので切れない
花芽があるので切れない
その年の5月ごろに開花・結実し、11～12月に熟す

剪定・管理のポイント

- 剪定は2月下旬～3月に不要枝の間引きと、花芽のつかない長枝の整理をする。
- 寒さに弱いため、寒冷地での植え付けは向かない。
- 1本だけで育てても実つきがいい(受粉樹を必要としない)。
- 果実がなりすぎると翌年あまりならなくなる（隔年結果）ため、摘果をするとよい（下写真）。果実がキンカンくらいの大きさであれば葉8枚に対して1果、ミカン・レモンくらいの大きさは葉25枚に対して1果、オレンジくらいの大きさは葉80枚に対して1果が目安。

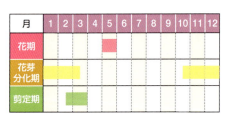

長めの枝を切り戻す

30～40cmほどの長めの枝は、先端を1/3程度切り戻すと、翌年に果実をつける短枝を出す。20cm以下の枝は果実がつくため切り戻さず、逆に50cm以上の長枝は樹形を乱すのでつけ根から間引く。

枝を間引く

葉が触れ合わない程度に枝を間引いて、樹冠内にも光が入るようにする。

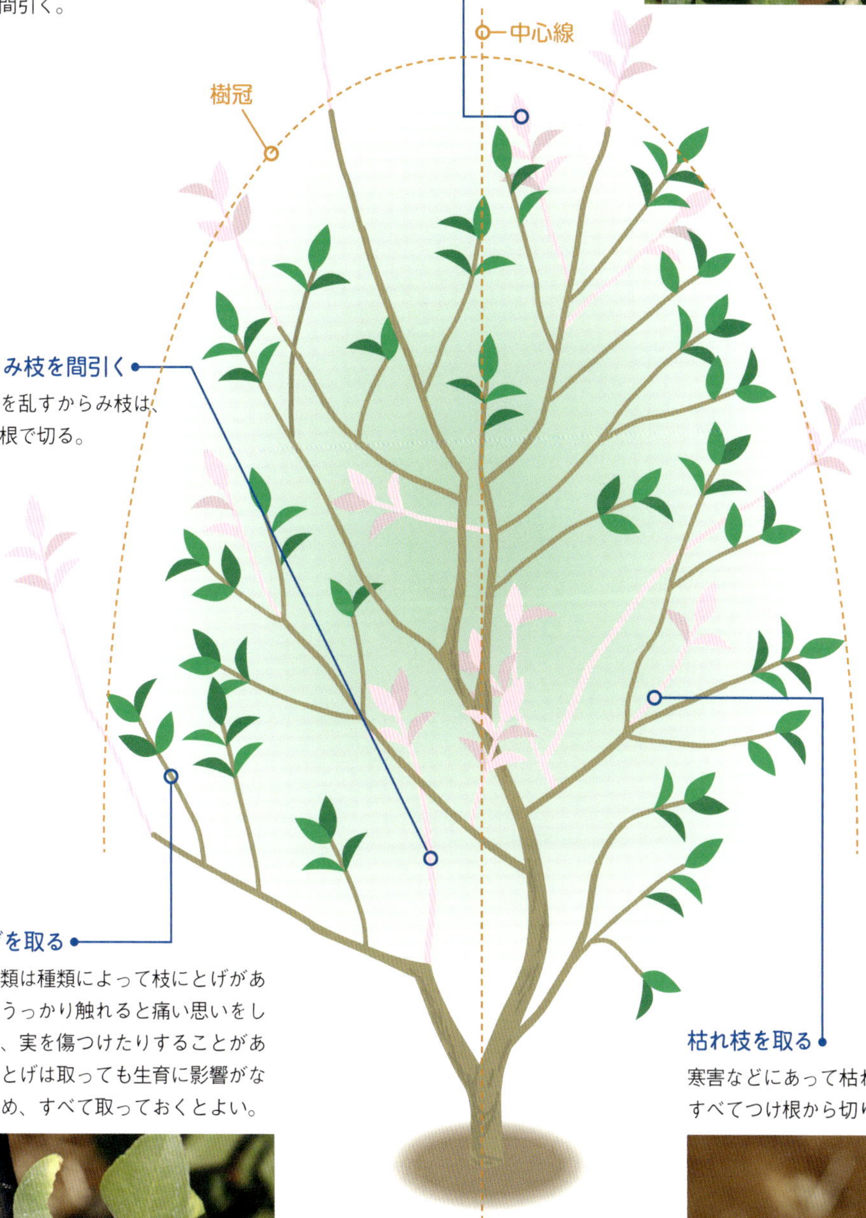

からみ枝を間引く

樹形を乱すからみ枝は、つけ根で切る。

とげを取る

柑橘類は種類によって枝にとげがあり、うっかり触れると痛い思いをしたり、実を傷つけたりすることがある。とげは取っても生育に影響がないため、すべて取っておくとよい。

枯れ枝を取る

寒害などにあって枯れた枝などがあれば、すべてつけ根から切り取る。

カンツバキ

ツバキ科　ツバキ属

もともとは中国原産のカンツバキがあり、それが日本でサザンカと交雑したのが、現在の日本でカンツバキとよばれている樹木です。サザンカよりも開花が遅く、ツバキよりも早い11～12月ごろに半八重や八重咲きの花を咲かせます。品種も多くあり、勘次郎とよばれるものが有名です。

月	1	2	3	4	5	6	7	8	9	10	11	12
花期											■	■
花芽分化期						■	■					
剪定期		□	■	□	□	□						

基本データ

常緑低木

樹形・大きさ

半球形

2～3m

花色：○●●

実色：●

主な仕立て方

半球形

耐陰性：弱

耐寒性：強

剪定回数：1回

花芽の位置

初夏に枝の先端付近に花芽をつけ、その年の冬に開花します。

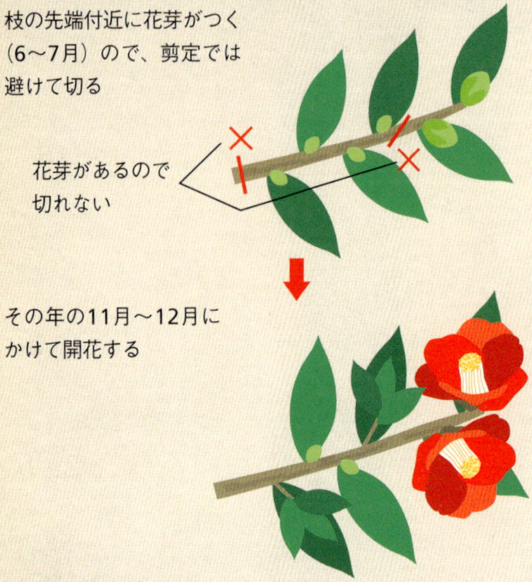

枝の先端付近に花芽がつく（6～7月）ので、剪定では避けて切る
花芽があるので切れない
その年の11月～12月にかけて開花する

剪定・管理のポイント

- 剪定は、花が終わり、翌年の花芽がつく前の3月ごろに通常は枝の間引きを行う。
- 萌芽力が強いので刈り込み剪定もできる。
- 枝を間引きすぎると樹冠内に光が入り、幹が焼けるので、切りすぎに注意する。
- 太い幹から直接細い枝が生えて全体が茂りやすいので、枝葉をかき分けるようにして幹を確認して枝を間引くとよい（下写真）。
- チャドクガがつきやすいので、定期的に薬剤散布をする。

高さをおさえる
いちばん縦に長く伸びる枝をつけ根から切って高さをおさえる。

樹冠をととのえる
樹冠から出た枝は、分かれ目から切り戻して樹冠をととのえる。

枝を間引く
密度が均一になるように、葉が厚いところ（混み合ったところ）の枝を間引く。

内枝を間引く
幹から直接小枝が生えやすいので、間引いて茂りすぎないようにする。

下枝を整理する
下枝があると茂りすぎて風通しが悪くなるので、間引く。

花柄を摘む
花柄が残って実ができると、樹勢を弱める原因となるので、すべて摘み取る。

キンモクセイ

モクセイ科　モクセイ属

秋に小さなオレンジ色の花をたくさん咲かせます。花はよい香りがするため、ジンチョウゲ、クチナシと合わせて「庭木の三香木」とよばれることもあります。日当たりが強いと葉が焼け、弱すぎると花の数が減ります。雌雄異株ですが、植えられているのは雄株なので、実はできません。

月	1	2	3	4	5	6	7	8	9	10	11	12
花期									■	■		
花芽分化期						■	■					
剪定期		□	■	■								

基本データ

常緑高木

樹形・大きさ

2〜5m
円柱形　株立ち

花色：●

実色：—

主な仕立て方

円柱形　株立ち　生け垣

耐陰性：普通

耐寒性：弱

剪定回数：1回

花芽の位置　4月以降に伸びた枝の葉のつけ根に花芽がつき、その年の秋に開花します。

冬に花芽はなく、どこでも切ることができる
花芽がないので切れる
花芽がないので切れる
枝が伸びながら花芽をつけ（6月下旬〜7月上旬）、9月下旬〜10月にかけて開花する

剪定・管理のポイント

- 放任しても樹形はあまり乱れない。花芽は春に伸びた枝につくので、芽吹く前の3〜4月までに樹形をコンパクトにする剪定をする。
- 萌芽力が強く、刈り込み剪定にも耐えられる（刈り込み剪定をする場合は、春の芽吹き前にするとよい）。
- 花の咲いた枝は2〜3節を残して切り戻すと春に枝が伸びて花がつく。
- 葉が密生するため、分かれている枝先の中央を切り戻すと葉の量を減らすことができる（下写真）。

からみ枝を間引く

からみ枝は、樹形を乱し、葉が混み合う原因ともなるので、つけ根から間引く。

混み枝を間引く

キンモクセイは葉が密生しやすいので、混み合っている部分の枝をつけ根から間引く。

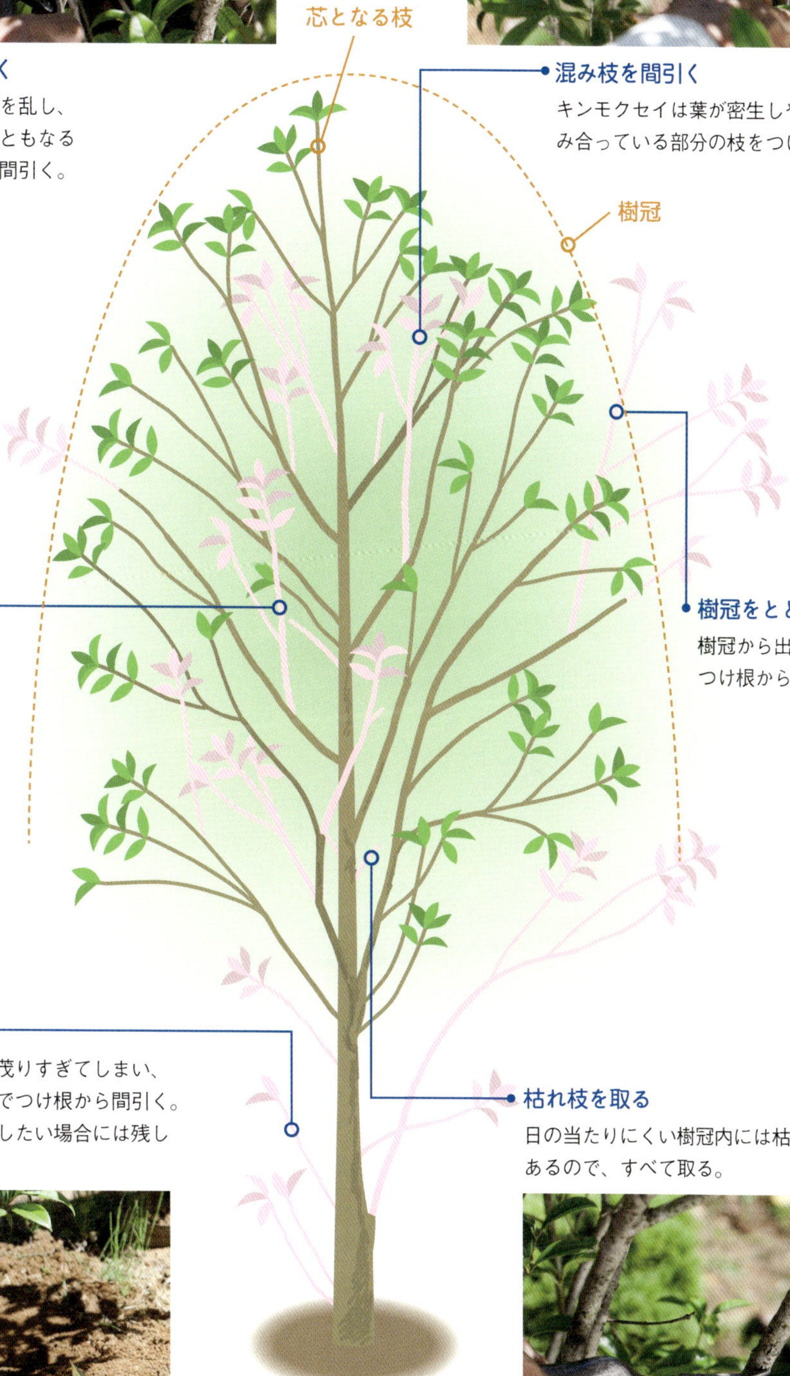

樹冠をととのえる

樹冠から出ている枝をつけ根から間引く。

下枝を整理する

下枝を残しておくと茂りすぎてしまい、風通しが悪くなるのでつけ根から間引く。下枝を残した樹形にしたい場合には残してもよい。

枯れ枝を取る

日の当たりにくい樹冠内には枯れ枝があるので、すべて取る。

クチナシ

アカネ科　クチナシ属

6〜7月によい香りの白い花を咲かせ、熟した実は染料や料理の色つけ、漢方薬などに利用されます。刈り込んで生け垣にすることもできます。這うように伸びるヒメクチナシなどのわい性の品種はグラウンドカバーとして人気があります。オオスカシバなどの幼虫に注意しましょう。

月	1	2	3	4	5	6	7	8	9	10	11	12
花期						■	■					
花芽分化期								■	■	■		
剪定期			■	■	□	□						

基本データ

常緑低木

樹形・大きさ

卵形

0.8〜2m

花色：○

実色：●

主な仕立て方

卵形

生け垣

耐陰性：普通

耐寒性：やや弱い

剪定回数：1回

花芽の位置

枝の先端に、花が咲き終わった後すぐに花芽がつき、翌年の初夏に開花します。

開花期に伸びた枝の先端に花芽がつく（8月下旬〜10月上旬）ので、剪定では避けて切る
花芽があるので切れない
花芽があるので切れない
翌年の6〜7月にかけて開花する

剪定・管理のポイント

- 剪定は、3〜4月に太い枝と樹冠から出た枝を切り、樹形をととのえる。
- 寒さや、冬の冷たい風を嫌うため、そのような場所は避けて植えつける。
- 花が咲いた後に伸びた枝に花芽をつけるため、剪定では花芽を落とさないように注意する。
- 実を楽しまないときは花柄を摘んでおくと、翌年にも多くの花が咲く。
- 枝をつけ根から間引かずに切り戻すときは、枝の分かれ目から切ると美しい樹形となる（下写真）。

混み合った枝を間引く

枝が混み合っている（右写真）ので間引き（左写真）、風通しをよくする。

樹冠をととのえる

樹冠がきれいにととのうように、飛び出ている枝を切り戻す。

樹形をととのえる

倒れて樹形を乱している枝を地際で切り、樹形をととのえる。

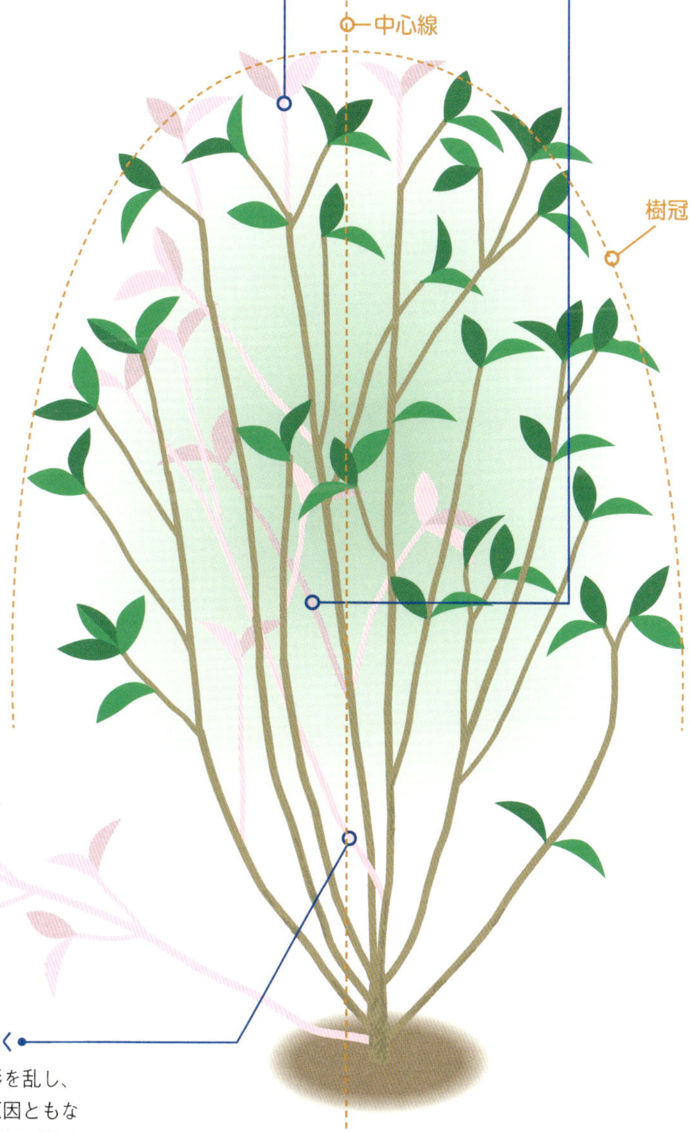

からみ枝を間引く

からみ枝は、樹形を乱し、枝葉が混み合う原因ともなるので、つけ根で切り取る。

サザンカ

ツバキ科　ツバキ属

冬に白や赤の華やかな花を咲かせる人気の庭木です。その花は、江戸時代から冬の風物詩として親しまれてきました。品種数も３００種以上と豊富なので、好みに応じて選ぶことができます。1年中葉を茂らせており、萌芽力が強く刈り込んでも弱ることがないため、生け垣にも向いています。

月	1	2	3	4	5	6	7	8	9	10	11	12
花期	■	■	■									■
花芽分化期						■	■					
剪定期			■	■	□	□						

基本データ

常緑小高木

樹形・大きさ

卵形
2～3m

花色：

実色：

主な仕立て方

卵形　生け垣　スタンダード

耐陰性：普通

耐寒性：強

剪定回数：1回

花芽の位置

初夏に枝の先端付近に花芽がつき、その年から翌年にかけての冬に開花します。

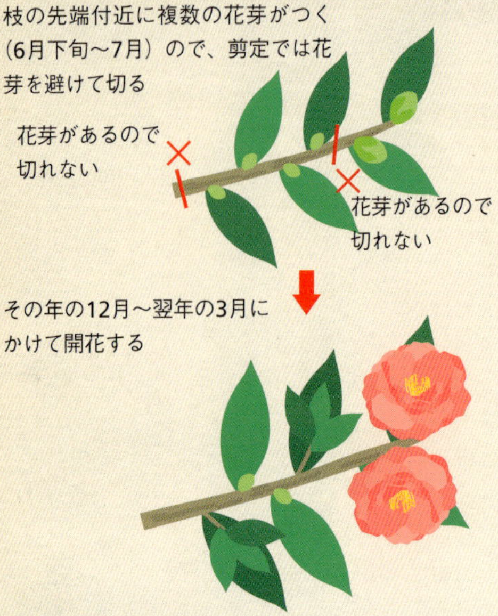

枝の先端付近に複数の花芽がつく（6月下旬～7月）ので、剪定では花芽を避けて切る
花芽があるので切れない
花芽があるので切れない
その年の12月～翌年の3月にかけて開花する

剪定・管理のポイント

- 剪定は、花が咲き終わる3～4月に不要枝を間引いて樹冠をととのえる。
- 太い枝には花芽がつかないため、上部の枝や伸びた枝を切り戻して細い枝をたくさん作ると、多くの花を楽しめる。
- 花が咲いた枝は、葉を3～4枚残して切り戻すと、翌年も充実した花芽がつく。
- 萌芽力が強いので、刈り込み剪定をして生け垣などにすることもできる。
- 花柄や実が残っていると、樹勢を弱らせる原因ともなるので、見つけ次第取っておく（下写真）。

花柄・実を摘み取る

花柄（咲き終わった花）や実を残しておくと、見た目が美しくないうえに樹勢を弱らせる原因ともなるので、見つけ次第、摘み取っておく。

樹冠をととのえる

樹冠から出ている枝を、つけ根から間引く。

内向枝を間引く

内側に向かって伸びる枝は、将来的にからみ枝や混み枝となり樹形を乱すので、つけ根から間引く。

立ち枝を切り戻す

樹形を乱す縦に長く伸びる枝を切り戻す。つけ根から間引いても枝数が減りすぎない場合は、つけ根から間引く。

からみ枝を間引く

樹形を乱すからんだ枝を、つけ根から間引く。

シャクナゲ

ツツジ科　ツツジ属

日本で庭木としてよく植えられているのは、東洋のシャクナゲがヨーロッパで品種改良されたもので、一般的にはセイヨウシャクナゲとよばれています。日本にも高山帯にホソバシャクナゲなどが自生しています。乾燥と強い日差しに弱いため、夏場に西日が当たる場所には向きません。

月	1	2	3	4	5	6	7	8	9	10	11	12
花期												
花芽分化期												
剪定期												

基本データ

常緑小高木

樹形・大きさ

株立ち

1〜3m

花色：

実色：

主な仕立て方

株立ち

耐陰性：普通

耐寒性：強

剪定回数：1回

花芽の位置

開花期に伸びた枝の先端に花芽がつき、翌年の春に開花します。

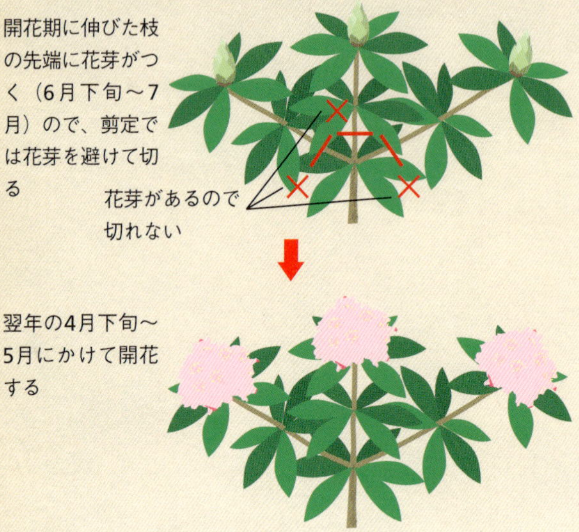
開花期に伸びた枝の先端に花芽がつく（6月下旬〜7月）ので、剪定では花芽を避けて切る
花芽があるので切れない
翌年の4月下旬〜5月にかけて開花する

剪定・管理のポイント

- 剪定は、3〜4月に軽く形をととのえる程度でよい。
- 枝を切るときは、途中で切ると芽が出ないため、必ず分岐点から切る。
- 春に1か所から1本の枝しか出ていない場合、その1本をまだ柔らかいうちにかき取ると複数の枝が伸びる。
- 1か所から枝が何本も出るので、同じくらいの太さ・長さの2本を選んで、ほかの枝を間引くと樹形を維持しやすい（下写真）。

この枝を切る

花柄を摘む

花柄（咲き終わった花）を残しておくと見た目が美しくないだけでなく、樹勢を弱める原因となるので、花柄のすぐ下から切り取る。

剪定後
剪定前

中心線
樹冠

樹冠をととのえる

樹冠から出て樹形を乱している枝をつけ根から間引く。

下枝を整理する

風通しを悪くし、樹形を乱す下枝はつけ根から間引く。

混み合った枝を間引く

枝葉が混み合っていると風通しが悪くなるため、枝を間引いて風通しを確保する。

内枝を整理する

樹冠内部にある小枝を残しておくと、将来茂りすぎてしまうので、つけ根から間引く。

剪定後
剪定前

シャリンバイ

バラ科　シャリンバイ属

海岸線近くに自生する木で、5月には花、秋には実が楽しめます。花が梅に似ており、小枝が1か所から車軸のようにたくさん出るため、この名がつきました。煙害や塩害に強いため、緑化木としてさまざまな場所に植えられています。奄美地方では、大島紬の染料として使われます。

月	1	2	3	4	5	6	7	8	9	10	11	12
花期					■							
花芽分化期							■	■				
剪定期	■	■	■	■	■	■						

基本データ

常緑低木

樹形・大きさ

卵形

1.5〜3m

花色：○●

実色：●

主な仕立て方

卵形

生け垣

耐陰性：弱

耐寒性：弱

剪定回数：1回

花芽の位置

夏に枝の先端に花芽がつき（短い新梢によくつきます）、翌年の初夏に開花します。

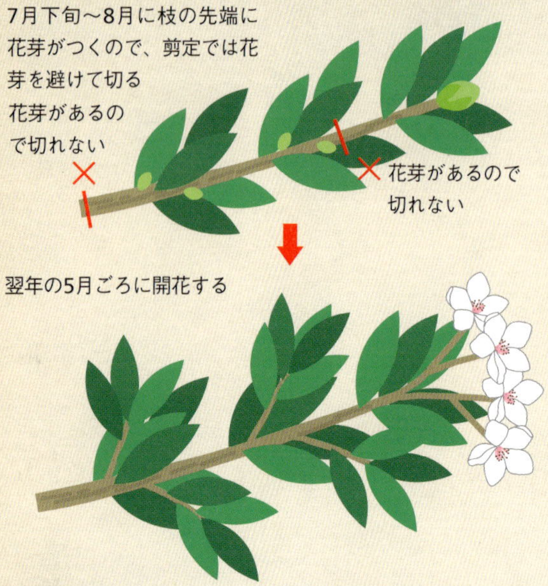

7月下旬〜8月に枝の先端に花芽がつくので、剪定では花芽を避けて切る
花芽があるので切れない
×
×
花芽があるので切れない
翌年の5月ごろに開花する

剪定・管理のポイント

- 樹形が乱れにくいので、3〜4月に大きさをととのえる程度の軽い剪定をする。
- 萌芽力が強いので刈り込み剪定が可能で、生け垣にも向いている。
- 全体の形をととのえたいときには冬から春の開花前までに剪定をする。
- 樹冠から出た枝を間引く際には、下写真のようにハサミを葉の内部に入れるようにして切ると切り口が見えず、美しく仕上がる。

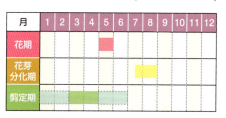

樹冠をととのえる

樹冠から出た枝をつけ根で切り、
樹冠をととのえる。

長枝を間引く

縦に長く伸びる長枝が多く
出るので、つけ根から間引
いて樹形をととのえる。

下枝を整理する

下枝が茂っていると風
通しが悪くなるので、
間引いて株元をすっき
りさせる。

ジンチョウゲ

ジンチョウゲ科　ジンチョウゲ属

春になると、ピンクの美しい花がかたまりのようになって咲き、甘い香りを漂わせます。赤い実がなる植物ですが、雌雄異株で、日本で出回っているのはほとんどが雄株であるため、実を楽しむことはできません。花がピンクの品種のほか、白い花のシロバナジンチョウゲもあります。

月	1	2	3	4	5	6	7	8	9	10	11	12
花期			■	■								
花芽分化期							■	■				
剪定期				■	■							

基本データ

常緑低木

樹形・大きさ

半球形

1～2m

花色：○●

実色：●

主な仕立て方

半球形

耐陰性：やや強

耐寒性：強

剪定回数：1回

花芽の位置

開花期に伸びる枝の先端に花芽をつけ、翌年の春に開花します。

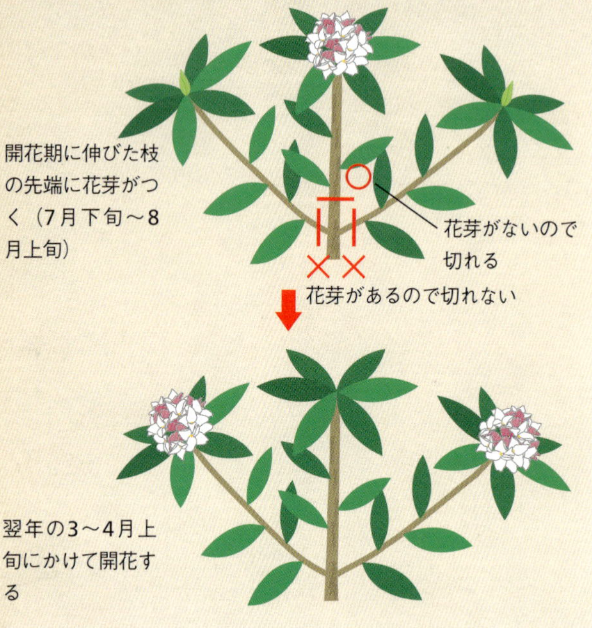

開花期に伸びた枝の先端に花芽がつく（7月下旬～8月上旬）
花芽がないので切れる
花芽があるので切れない
翌年の3～4月上旬にかけて開花する

剪定・管理のポイント

- 春以降に伸びた新しい枝に花芽がつくため、花芽を落とさないように、剪定は花が終わった直後に行う。
- あまり樹形が乱れることはないので、伸びすぎている枝を間引き、内部の不要な枝を間引く程度でよい。
- 自然樹形を楽しむのが一般的だが、萌芽力があるため刈り込みにも耐える。
- アブラムシが発生することがあるので、定期的に薬剤散布をするとよい。
- 樹冠をととのえる際に、一度で切ってしまうと切りすぎてしまうことがあるので、自信がないときは、下写真の①～②、③～④のように2段階に分けて切るとよい。

③
①
④
②

枝を間引く

枝葉が混み合っていると風通しが悪くなり、病害虫の被害の原因ともなるので、混み合った枝をつけ根から間引く。

からみ枝を間引く

からんで樹形を乱す枝を、つけ根から間引く。

樹冠から出た枝を切り戻す

樹冠から出ている枝を、枝の分かれ目で切り戻し、樹冠をととのえる。

内枝を間引く

茂りすぎて風通しが悪くなる原因となるので、内側に生える枝をつけ根から間引く。

センリョウ

センリョウ科　センリョウ属

冬に赤や黄色の実を楽しみます。名前の縁起がいいことから、マンリョウとともに縁起物として正月飾りに欠かせない庭木です。実が黄色いキノミセンリョウという品種もあります。半日陰を好み、西日本のあたたかい地方の林などに自生しています。放任しても樹形が乱れにくい庭木です。

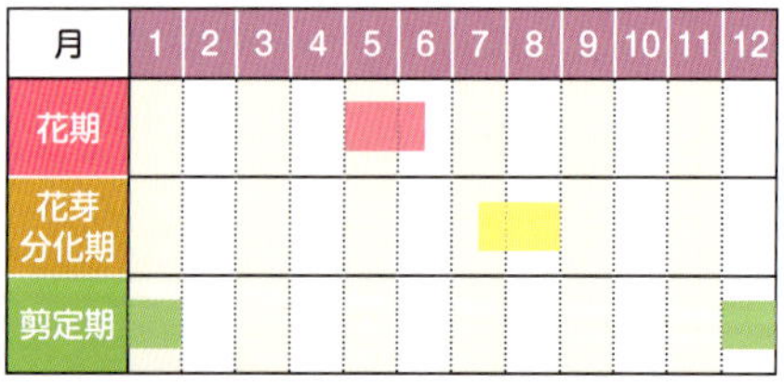

月
1
2
3
4
5
6
7
8
9
10
11
12
花期
花芽分化期
剪定期

基本データ

常緑低木

樹形・大きさ

株立ち

0.5～1.5m

花色：○

実色：●●

主な仕立て方

株立ち

耐陰性：やや強

耐寒性：弱

剪定回数：1回

花芽の位置

夏に枝の先端に花芽がつき、翌年の初夏に開花、冬に実をつけます。

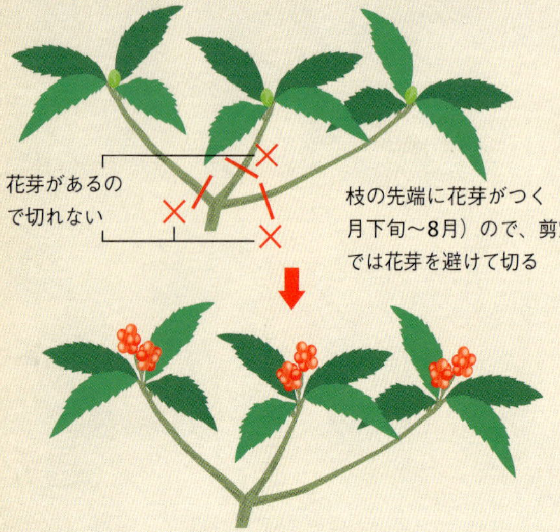

花芽があるので切れない
枝の先端に花芽がつく（7月下旬～8月）ので、剪定では花芽を避けて切る

翌年の5～6月上旬に花芽から少し枝を伸ばして開花し、11月～1月にかけて実をつける

剪定・管理のポイント

- 剪定は、12～1月に枯れ枝や不要枝を間引いて全体をすっきりさせる程度でよい。
- 大きくて古い枝がある場合、間引いて若い枝を育てる。
- 枝を切り戻す場合には、節のすぐ上で切ると自然な雰囲気を損なわない。
- 株立ちする枝が多く出るため、株をかき分けるように内部を見て不要枝がないかを確かめるとよい（下写真）。
- 1年を通じて薄日が当たる場所を好む。
- 花がついても実つきが悪い場合は、水不足または花期に長雨が降ることが原因と考えられる。

古い枝を間引く

古く、色が茶色になっている枝は地際から切り取って若い枝を育て、株を維持する。

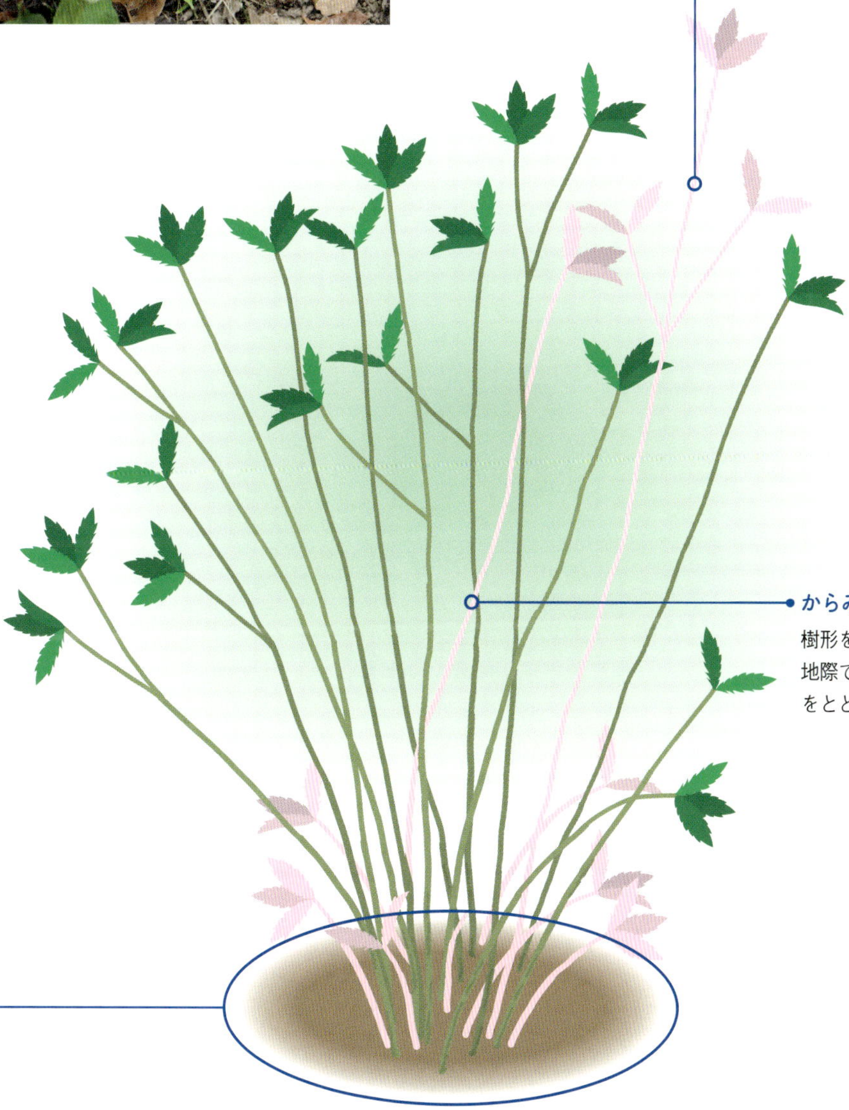

からみ枝を間引く

樹形を乱すからみ枝を、地際で切り取り、樹形をととのえる。

株立ちする枝の整理

枯れ枝（左写真）やからみ枝（右写真）などの不要枝を、地際から切り取り、株立ちする枝数を減らす。

ツツジ・サツキ

ツツジ科　ツツジ属

明るい緑色に赤やピンクなどの鮮やかな花が映える、代表的な庭木のひとつです。ツツジは4月ごろ、サツキはその名のとおり5月ごろに花を咲かせます。刈り込みに強いため、生け垣にも利用することができます。多くは常緑性ですが、落葉性の品種もあります。水はけのよい土を好みます。

月	1	2	3	4	5	6	7	8	9	10	11	12
花期					■	■						
花芽分化期							■	■				
剪定期		□	□	□	□■	■						

基本データ

常緑低木

樹形・大きさ

半球形

0.5〜2.5m

花色：○●●など

実色：●

主な仕立て方

半球形

生け垣

耐陰性：普通

耐寒性：強

剪定回数：1回

花芽の位置

開花期に伸びる枝の先端に花芽をつけ、翌年の春〜初夏に開花します。

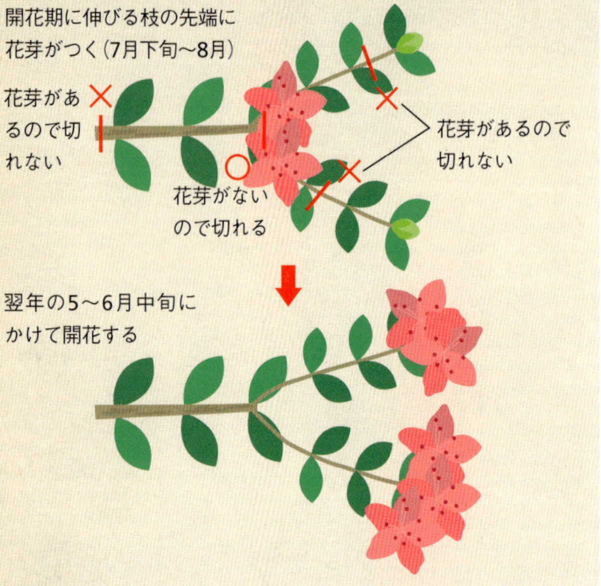

開花期に伸びる枝の先端に花芽がつく（7月下旬〜8月）
花芽があるので切れない
花芽があるので切れない
花芽がないので切れる
翌年の5〜6月中旬にかけて開花する

剪定・管理のポイント

- 剪定は花が咲き終わったころに、枝を間引いて樹冠をととのえれば、花芽形成前なので開花に影響がない。
- 耐寒性に優れ、病害虫にも強いので、庭木に向いている。
- 萌芽力が強いため、刈り込み剪定をすることもできる。ただし、刈り込みだけをくり返すと内側が枯れ込むので注意。
- 秋に剪定をする場合は、花芽を落とさないように長い枝を切り戻す程度にする。
- 花柄を残しておくと、見た目が汚くなるうえに樹勢を弱めるので、見つけたらすべて間引く（下写真）。

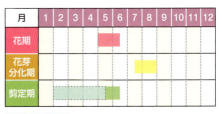

混み枝を間引く

葉が密に茂っているところは、樹冠内部にハサミを入れて間引き、風通しを確保する。

樹冠から出た枝を整理する

少し樹冠内部にハサミを入れた位置で切ると、切り口が目立たなくて美しく仕上がる。

花柄を摘む

実ができると養分を取られ、樹勢が弱まる可能性があるので、花柄はすべて摘む。

枯れ枝を整理する

日の当たらない樹冠内部には枯れ枝が多くある（写真上）ので、すべて間引いて風通しを確保する（写真下）。

下枝を整理する

下枝を残しておくと茂りすぎて風通しが悪くなるので、つけ根から間引く。

乱れていた樹冠が整理され、枝も間引かれてすっきりとしている。

ツバキ

ツバキ科　ツバキ属

冬の庭や山を彩る代表的な木として、古くから日本人に親しまれてきました。品種改良をしやすいこともあり、さまざまな品種があります。手入れをするときには、その品種と育ち方の特徴を把握しておくことが大切です。刈り込みにも強いため、生け垣としても広く利用されています。

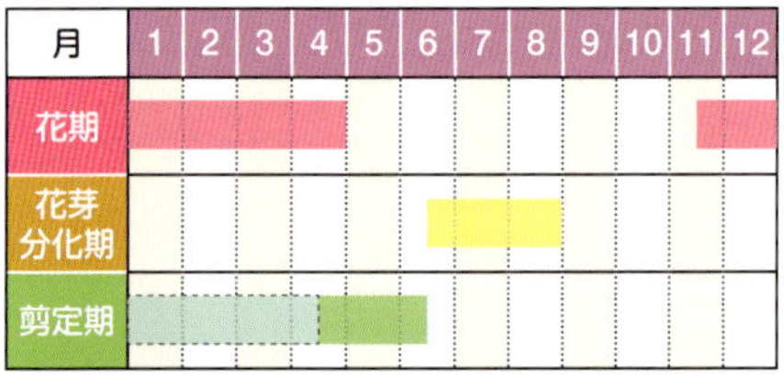

月
1
2
3
4
5
6
7
8
9
10
11
12
花期
花芽分化期
剪定期

基本データ

常緑高木

樹形・大きさ

半球形

2〜8m

花色：

実色：

主な仕立て方

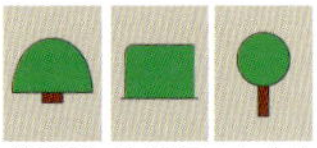

半球形　生け垣　スタンダード

耐陰性：強

耐寒性：強

剪定回数：1回

花芽の位置

夏に枝の先端付近の葉のつけ根に花芽がつき、その年の冬に開花します。

枝の先端付近の葉のつけ根に花芽がつく（6月下旬〜8月）ので、剪定では花芽を避けて切る

花芽があるので
切れない

その年の冬から翌年の春にかけて開花する（11月下旬〜4月）

剪定・管理のポイント

- 基本の剪定は花が咲き終わった後の5月ごろに行い、樹形の乱れが気になる場合には秋に剪定をしてもよい。
- 萌芽力が強いので、刈り込み剪定も可能だが、透かし剪定のほうが美しく仕上がる。
- 透かし剪定では、樹冠内の不要枝を間引く。ただし、間引きすぎると幹が日焼けするので注意する。
- 葉の美しさも魅力なので、刈り込み剪定の際には、葉に切り口が残らないようにすると美しく仕上がる。
- 花柄や実（下写真）が残っていると、樹勢を弱まらせる原因ともなるので、すべて取る。

長枝を間引く

樹形を乱す長枝はつけ根で切り取る。

枝を間引く

混み合った枝をつけ根から間引き、風通しを確保する。

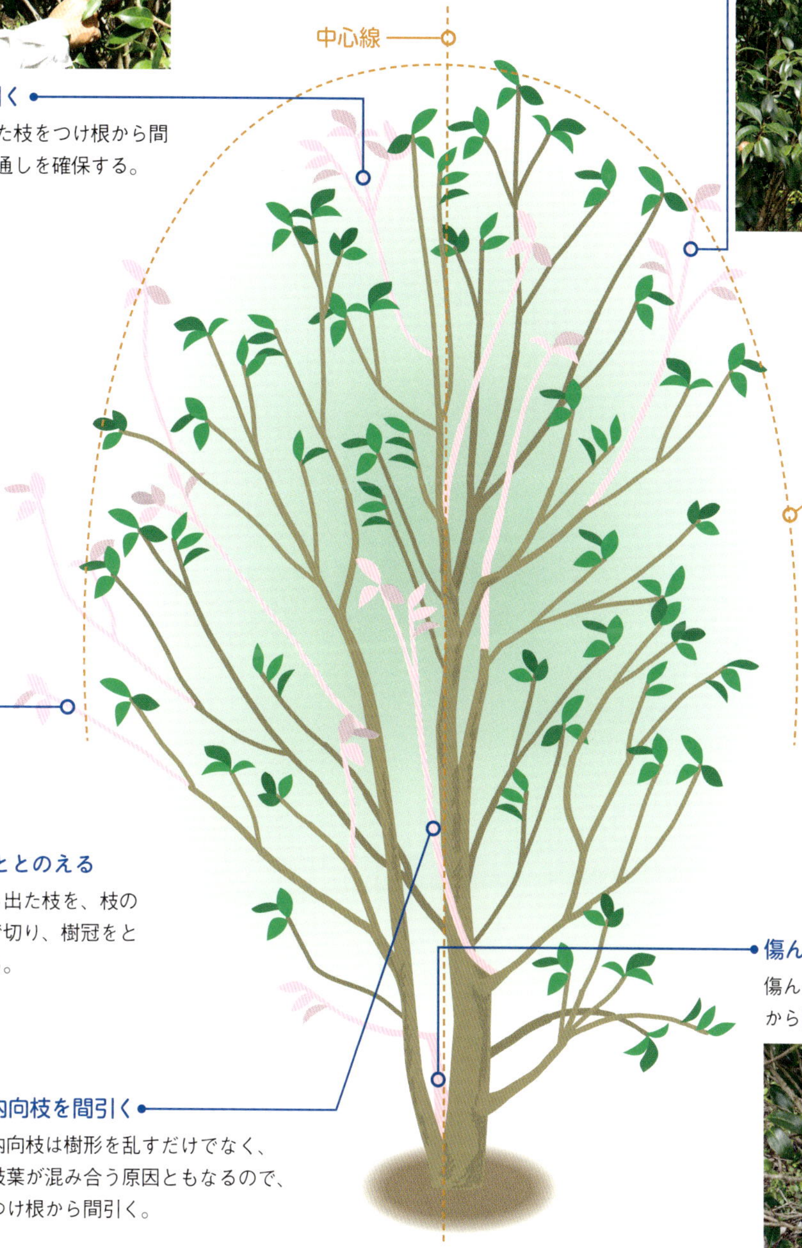

樹冠をととのえる

樹冠から出た枝を、枝のつけ根で切り、樹冠をととのえる。

傷んだ枝を間引く

傷んで枯れそうな枝をつけ根から間引く。

内向枝を間引く

内向枝は樹形を乱すだけでなく、枝葉が混み合う原因ともなるので、つけ根から間引く。

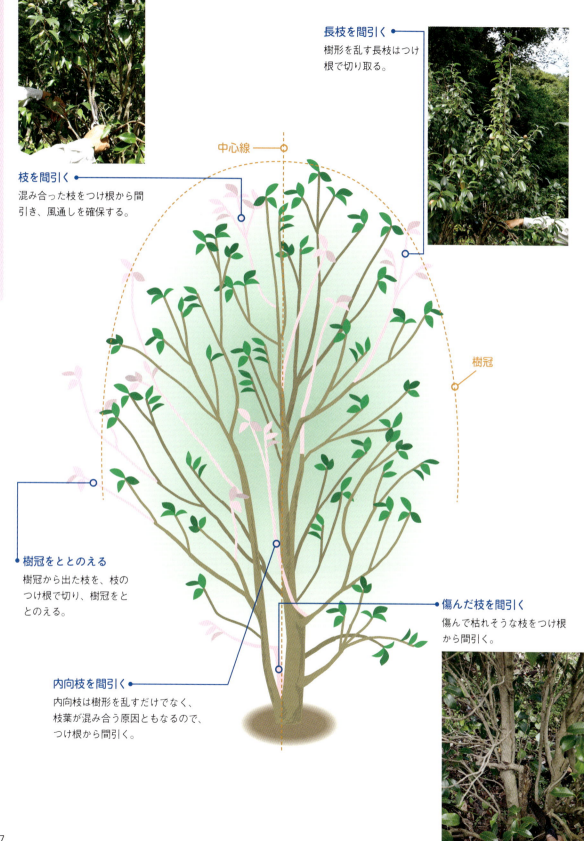

トキワマンサク

マンサク科　トキワマンサク属

日本では、おもに暖かい西日本に自生しており、庭木として楽しむ場合も暖かく寒風が当たらない場所が適しています。花弁が細長い特徴的な花を咲かせます。さまざまな品種があり、花が赤いベニバナトキワマンサクなどが人気です。刈り込み剪定をして、生け垣にすることも可能です。

月	1	2	3	4	5	6	7	8	9	10	11	12
花期				■	■							
花芽分化期							■	■	■			
剪定期		□	□	■	■	□	□					

基本データ

常緑小高木

樹形・大きさ

半球形

2～3m

花色：○ ● ● ●

実色：●

主な仕立て方

半球形　生け垣　スタンダード

耐陰性：普通

耐寒性：やや弱い

剪定回数：1回

花芽の位置

夏ごろに短枝の先端に花芽がつき、翌年の春に開花します。長枝にはあまり花芽がつきません。

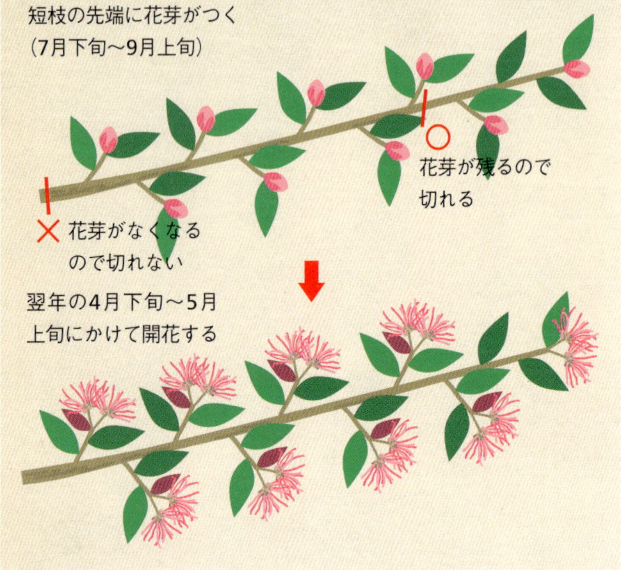

短枝の先端に花芽がつく
（7月下旬～9月上旬）
○ 花芽が残るので切れる
✕ 花芽がなくなるので切れない
翌年の4月下旬～5月上旬にかけて開花する

剪定・管理のポイント

- 剪定は基本的に、花が咲き終わったらすぐにし、秋以降にも剪定したい場合は花芽の位置に注意する。
- 寒さに弱いので、冬に北風にあたる場所には向かない。
- 枝振りが美しいので、なるべく枝先を切らずに、不要枝を間引くことを心がける。
- 萌芽力が強いので、刈り込み剪定をして生け垣に利用することもできる。
- 花を楽しみたい場合は、長枝を切り返して、短枝が出るのをうながすとよい（下写真）。

長枝を切り戻す

長枝には花芽がつきにくいので、切り戻すことによって、花芽がつく短枝が出ることをうながす。

枝を間引く

風通しを確保するために内側に生えている枝を間引く。

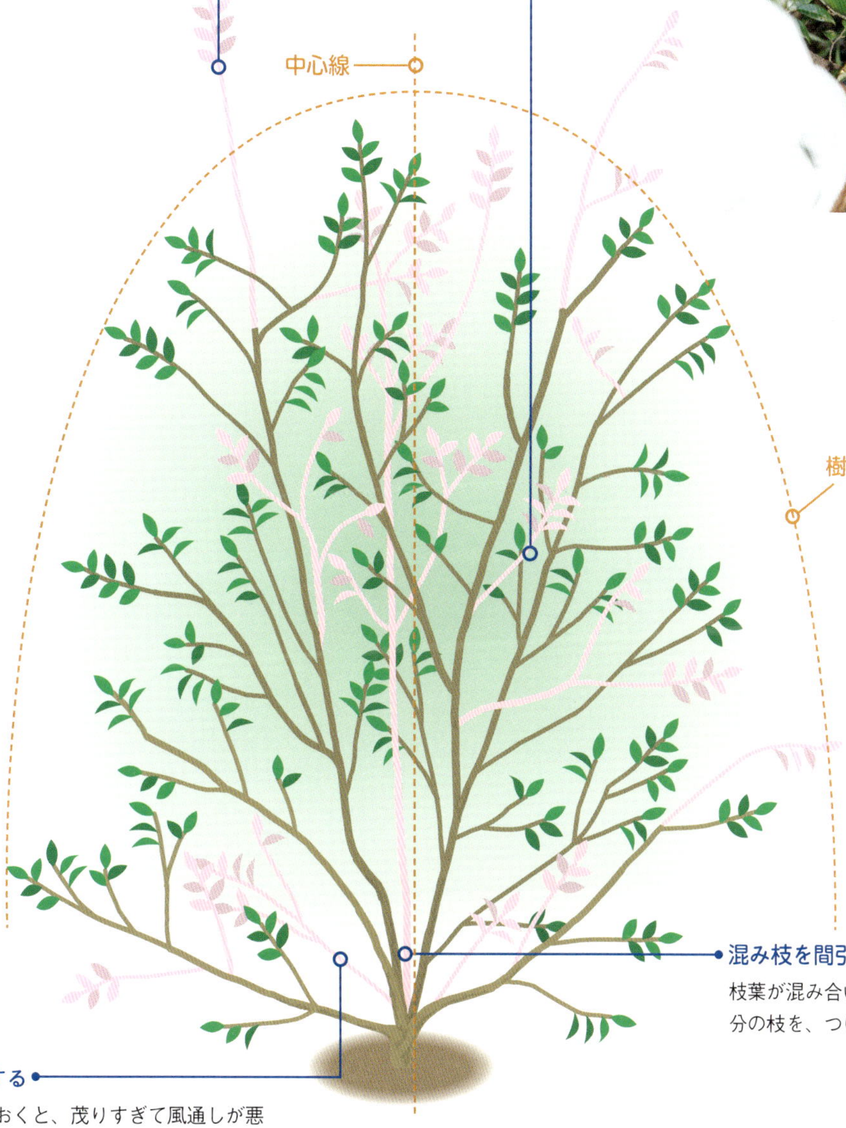
中心線
樹冠

混み枝を間引く

枝葉が混み合いすぎている部分の枝を、つけ根から間引く。

下枝を整理する

下枝を残しておくと、茂りすぎて風通しが悪くなる原因となるので、つけ根から間引く。

剪定後

剪定前

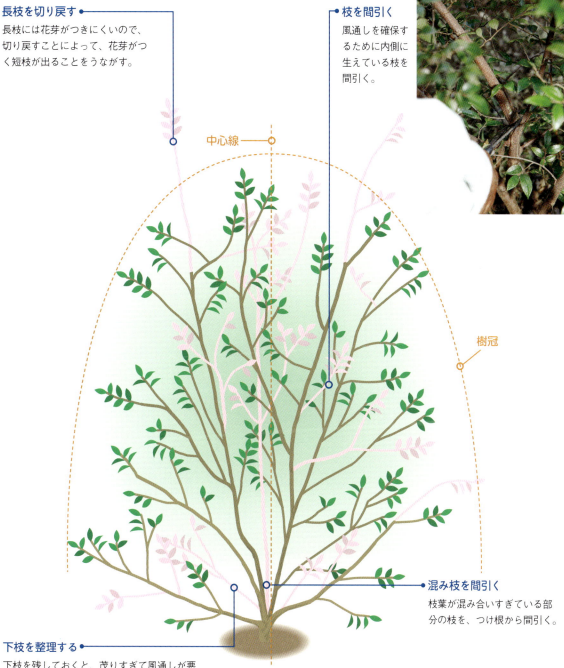

花芽の位置

春に枝の先端に花芽がつき、その年から翌年にかけての冬に開花します。

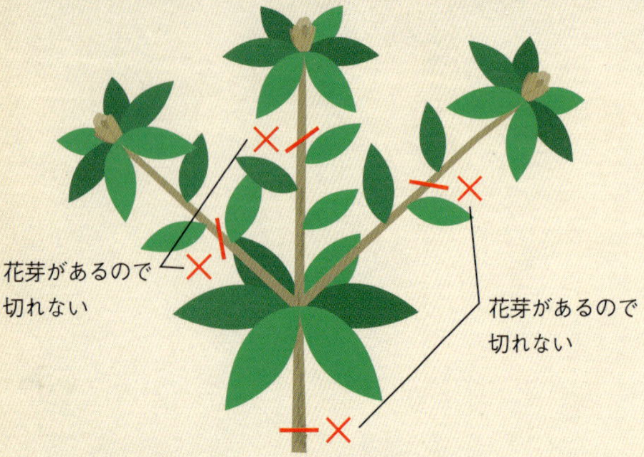

枝の先端に花芽がつく（4月下旬～5月上旬）ので、剪定では避けて切る。花芽と葉芽の区別はつきにくい

11～2月にかけて開花し、5～6月ごろに果実が熟す

ビワの花。1か所に100個程度の花がまとまって開花する。

ビワ

バラ科　ビワ属

生育が旺盛な常緑樹で九州から東北地方にかけて広く分布しています。樹木自体はある程度の耐寒性がありますが、花はマイナス5℃、幼果はマイナス3℃までしか耐えられないので、果実を収穫したい場合は暖地が適します。冬に花が咲くため、比較的成長がゆるやかな9月に剪定をします。

月	1	2	3	4	5	6	7	8	9	10	11	12
花期	■	■									■	■
花芽分化期				■	■							
剪定期									■			

基本データ

常緑高木

樹形・大きさ

半球型

3～10m

花色：○

実色：●

主な仕立て方

半球形

耐陰性：強

耐寒性：やや弱

剪定回数：1回

果実を収穫するためのポイント

ビワの花は一房に100個程度の花が咲き、放置すると結実をしても小さな果実になります。そのため、蕾の段階もしくは開花後に摘み取る、摘蕾・摘花をして花の数を減らします。さらに結実後に摘果をすれば充実した果実を収穫できます。

ビワの果実は傷つきやすいので、袋かけをしておくといいでしょう。
また、ビワは1か所から2〜5本の枝が伸びるため、2本程度に間引くことで、果実がつく充実した枝にすることができます。

[摘蕾・摘花]

摘花後の花穂。まだ多くの花がついているので、着果後に摘果をするとよい。

摘花前の花穂。100個程度の花がつき、すべてが着果すると果実が小さくなるため、蕾もしくは花を摘み取り、数を減らす。軸が2〜3本残るように、赤線の位置で摘み取る。

[摘　果]

摘蕾や摘花をしても、まだ果実の数が多いため、摘果をして果実の数を減らす。果実の大きい品種であれば、1か所に2果程度、小さい品種であれば3果程度に間引くとよい。写真の×印のような小さい果実、形の悪い果実を優先して間引き、○印の果実を残す。

［芽かき］

新梢が1か所から2〜5本程度伸びるため、細い枝や短い枝を間引いて2本程度にし（写真右）、残した枝を充実させる。剪定バサミで切ってもよいが、出たての新梢であれば、手でかき取ることができる。左は芽かき後。残した新梢が太く充実したものになる。

［袋かけ］

ビワの果実はデリケートなため、左写真のように赤あざなどができる（日の当たりすぎでできる）。袋がけをしておけば、病害虫や鳥の被害も含めて予防できる。果実が小さい品種の場合は、下のように数個の果実をまとめて袋に入れ、大きい品種はひとつずつ入れるとよい。

樹冠をととのえる

樹冠から出た枝を間引き、
樹冠をととのえる。

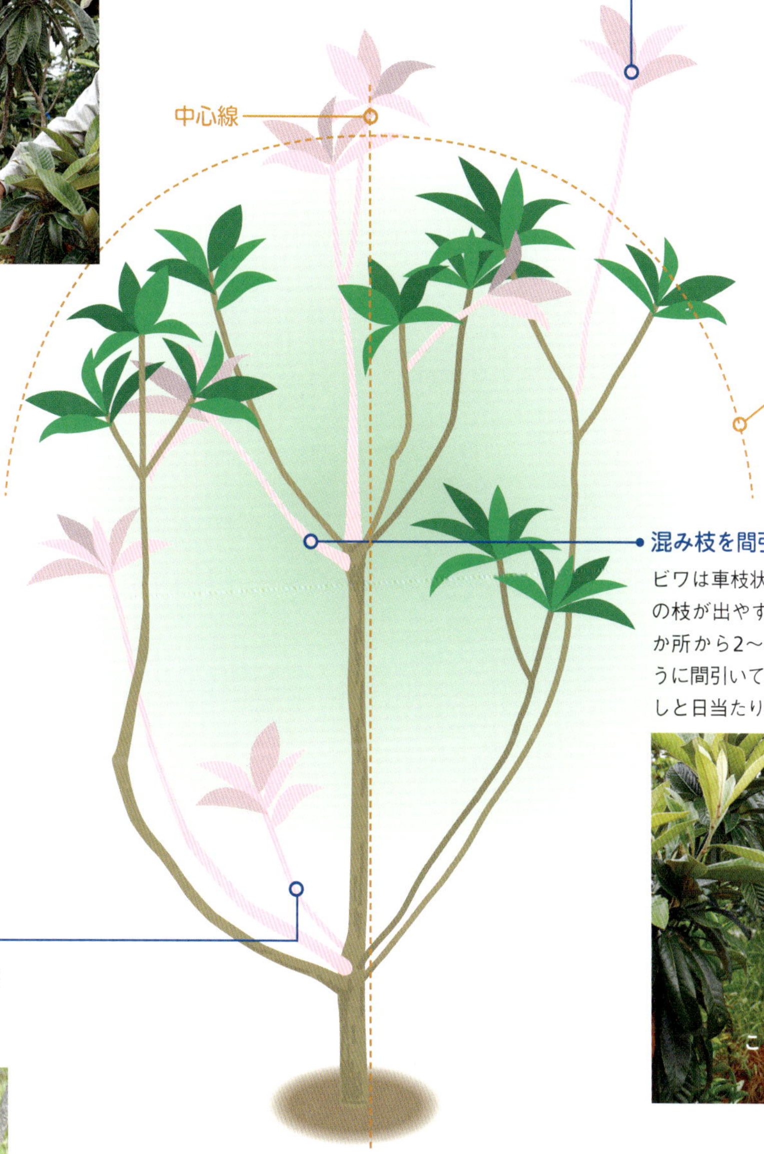

混み枝を間引く

ビワは車枝状に1か所から多くの枝が出やすい。そのため、1か所から2〜3本程度になるように間引いて、樹冠内部の風通しと日当たりを確保する。

細い枝を間引く

樹形を乱す幹から直接生える細い枝は、つけ根で切る。

剪定・管理のポイント

- 剪定は、9月に不要枝を間引くほか、樹冠から出た枝を切ってコンパクトにする。
- 樹木自体の耐寒性はある程度高いが、花や果実は耐寒性が低いので、果実を収穫したい場合は暖地に植えつける。
- 車枝状に多くの枝が出やすいので、1か所から出る枝の本数が2〜3本になるように間引く。
- 花や果実の数が多いので、摘蕾・摘花・摘果をして、充実した果実にするとよい。
- 果実は、5月中旬〜6月ごろに十分に色づいたら収穫をする。
- 果実はデリケートなので、袋かけをしておくとよい。

フェイジョア

フトモモ科　アッカ属

南米が原産の果樹ですが、寒さに強く、マイナス10℃くらいまでは耐えられます。初夏に白い花が咲き、その花びらは甘く、食べることができます。夏の終わりごろには緑色の果実を収穫することができます。果肉はゼリー状で、さまざまなフルーツの味を混ぜたような独特な味がします。

月	1	2	3	4	5	6	7	8	9	10	11	12
花期					■	■						
花芽分化期								■	■			
剪定期		■	■									

基本データ

常緑低木

樹形・大きさ

2〜3m

卵形　株立ち

花色：○

実色：●

主な仕立て方

卵形　株立ち

耐陰性：弱

耐寒性：普通

剪定回数：1回

花芽の位置

夏に枝の先端付近に花芽がつき、翌年の初夏に開花します。

枝の先端付近の1〜6芽に花芽がつく（8〜9月）ので、剪定では避けて切る

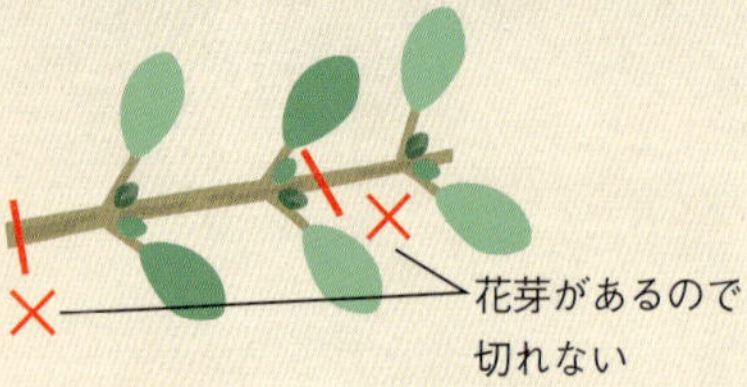
花芽があるので
切れない

翌年の5〜6月上旬にかけて開花・結実し、10〜11月上旬に熟す

剪定・管理のポイント

- 剪定は、2月下旬〜3月ごろに不要枝と樹冠から出た枝を間引いて、樹形をととのえる。
- 枝の先端付近に花芽がつくため、花芽分化以降に剪定をする場合は、不要枝を間引く程度におさめる。
- 実がつかない場合には、花を1輪摘んでおしべの花粉をほかの花のめしべにこすりつけて人工授粉をするとよい。
- 8月中旬〜9月上旬ごろに、1枝あたり1〜2個程度になるように摘果をすると、より充実した果実になる（下写真）。

間引く
充実した実を残す
間引く

樹冠をととのえる

樹冠から出た枝をつけ根で切り、樹冠をととのえる。

枝を間引く

混み合った枝をつけ根で切り、風通しを確保する。

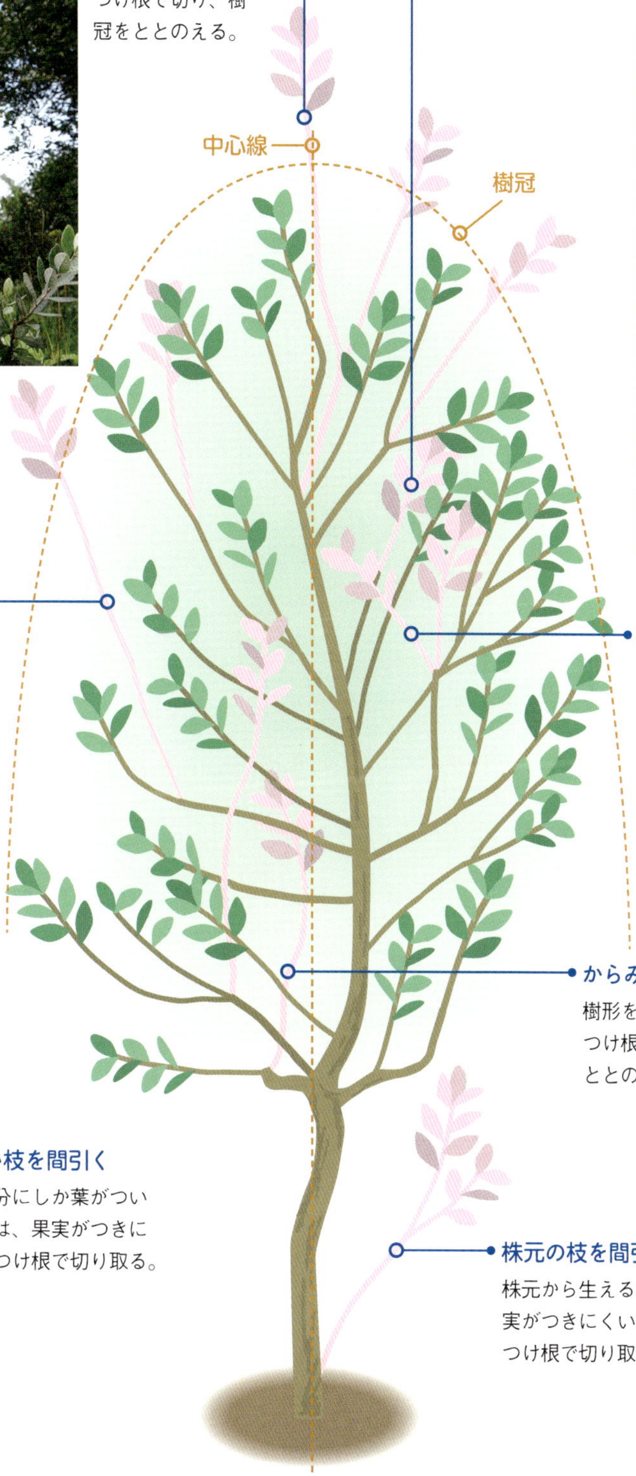

内向枝を間引く

樹形を乱し、枝葉が混み合う原因となるので、つけ根で切り取る。

からみ枝を間引く

樹形を乱すからみ枝をつけ根で切り、樹形をととのえる。

葉の少ない枝を間引く

枝の先端部分にしか葉がついていない枝は、果実がつきにくいので、つけ根で切り取る。

株元の枝を間引く

株元から生える枝には、実がつきにくいため、つけ根で切り取る。

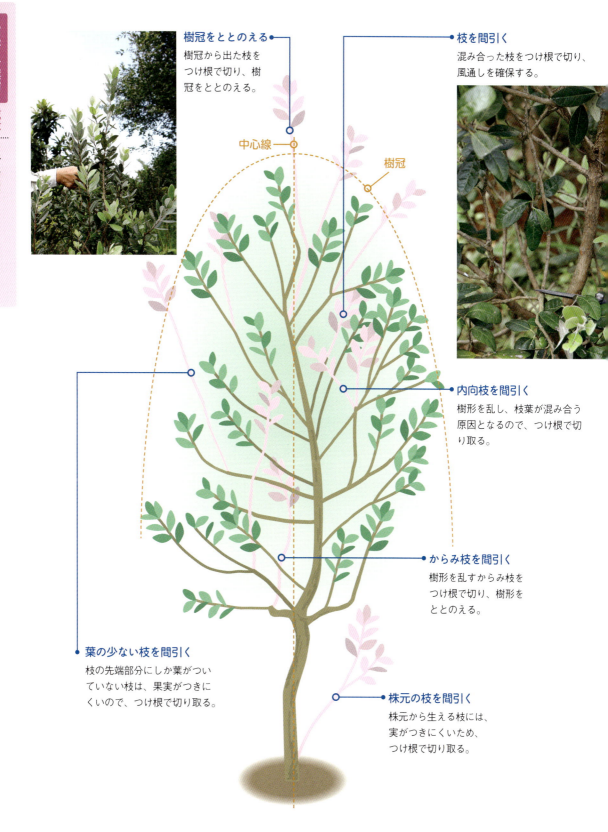

ヤマモモ

ヤマモモ科　ヤマモモ属

雌雄異株で、雌木には夏に食用となる実がつくので、果樹として育てたい場合は雌木を選びます。果実は甘酸っぱく、生食やジャムなどに適しています。光沢のある葉が美しく、庭木としても人気があります。萌芽力が強く、日陰でもよく耐えますが、寒さに弱いため、寒地での越冬は困難です。

月	1	2	3	4	5	6	7	8	9	10	11	12
花期			■	■	■							
花芽分化期							■					
剪定期		■	■									

基本データ

常緑高木

樹形・大きさ

半球形

3～10m

花色：●

実色：●

主な仕立て方

半球形

円柱形

耐陰性：強

耐寒性：弱

剪定回数：1回

花芽の位置

夏に短枝の葉のつけ根に花芽がつき、翌年の春に開花します。

短枝の葉のつけ根に花芽がつく（7月）
花芽がないので切れる
花芽があるので切れない
翌年の4～5月にかけて開花・結実し、6～7月に熟す

剪定・管理のポイント

- 剪定は、2月下旬～3月に不要枝を間引いて樹冠をととのえる。大きくなるため、剪定でコンパクトにする。
- 長枝には花芽がつかないので、つけ根から切ることで花芽のつく短枝が出るのをうながす。
- 花芽は短枝の全体につくので、剪定のときに短枝を落とすと実つきが悪くなる。
- 放任しても樹形がととのいやすいが、枝数が多くなるので、不要枝の間引きを中心に剪定をする。
- 車枝状に枝が密集して生えやすいので、間引いて葉が混み合わないようにする（下写真）。

ここで切る

樹冠をととのえる

樹冠から出た枝をつけ根で切る。ヤマモモは大木になるため、コンパクトにおさめたい場合には、主幹を分かれ目で切り取る。

長枝を間引く

長枝には花芽がつきにくいので、つけ根から間引く。こうすることで花芽のつく短枝ができる。

中心線
樹冠

枝を間引く

枝葉が茂りやすく、風通しが悪くなるので、混み合った枝をつけ根で間引き、風通しを確保する。

下枝を整理する

下枝があると茂りすぎてしまうので、つけ根で切り、株元をすっきりさせる。

細い枝を整理する

幹から直接生える細い枝は、枝葉が混み合う原因となるので、つけ根から間引く。

剪定前
剪定後

アオキ

アオキ科　アオキ属

アオキは、日陰でもよく育つため、庭作りにとても重宝される木です。名前の通り、青々とした葉や幹の緑色が特徴の木で、斑入りの葉が美しい品種が数多く存在します。放任してもさほど樹形は乱れませんが、成長が早いので、小さくまとめたい場合には注意が必要です。

月	1	2	3	4	5	6	7	8	9	10	11	12
花期					●							
花芽分化期							●	●	●			
剪定期	○	○	●	●○								○

基本データ

常緑低木

樹形・大きさ

卵形　株立ち　1〜1.5m

花色：●

実色：●

主な仕立て方

卵形　株立ち

耐陰性：強

耐寒性：強

剪定回数：1回

樹冠をととのえる

樹冠から出た枝はつけ根から切って樹冠をととのえる。

混み枝を間引く

混み合った枝は、つけ根から間引いて風通しを確保する。

からみ枝を間引く

からみ枝は、樹形を乱すのでつけ根から間引く。

枯れ枝を間引く

枯れ枝はつけ根から切り取る。手で折れる場合は折り取ってもよい。

剪定・管理のポイント

- 基本的に剪定は3〜4月上旬ごろに不要枝の間引きをするが、樹形の乱れが気になる場合には12〜2月に剪定をしてもよい。
- 日陰でも育つが、あまり暗いと枝だけが伸びやすくなるため、半日陰に植えるとよい。
- 斑入りの品種は、日当たりが強いと葉が日焼けを起こすことがある。

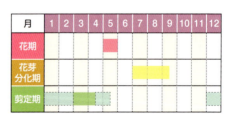

アメリカイワナンテン

ツツジ科　イワナンテン属

北米原産の木で、寒さに強く、また日陰でもよく育つため、庭木にとても便利です。樹高が高くならず、横に広がるように成長するため、グランドカバーに適しています。枝先のやわらかさを生かすために、不要な枝は枝先を切るのではなく、つけ根から切る剪定が向いています。

月	1	2	3	4	5	6	7	8	9	10	11	12
花期				■	■							
花芽分化期												
剪定期			■	■					■	■		

基本データ

常緑低木

樹形・大きさ

株立ち

0.6～1.2m

花色：○

実色：—

主な仕立て方

株立ち

耐陰性：強

耐寒性：強

剪定回数：1～2回

花柄を摘む

実ができると、養分を使ってしまい、樹勢を弱める原因となるので、花柄はすべて摘む。

古い枝を間引く

古い枝は、地際から間引いて、新しい枝を育てる。

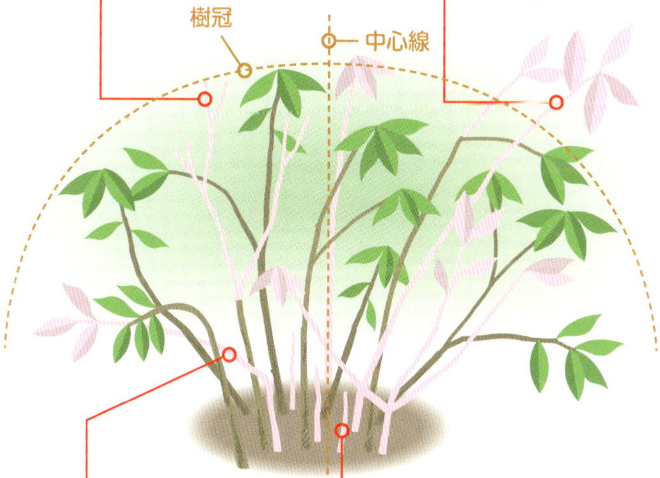

からみ枝を間引く

樹形が乱れるので、からみ枝はつけ根から間引く。

枯れ枝を間引く

樹冠内部に枯れ枝が多くあるので、地際からすべて取る。

剪定・管理のポイント

- 放任しても樹高が高くならないため、剪定は3～4月もしくは9～10月に形をととのえる程度にする。
- 花柄は、早めに摘み取ることで、樹木の消耗を防ぐことができる。
- 枝先を切りすぎてしまうと、かたい印象になるので、なるべく枝をつけ根から間引く。
- 病害虫の心配はほとんどない。

アラカシ

ブナ科　コナラ属

秋にドングリがなることで知られるカシ類の中でも、アラカシは関西地方で好んで植えられ、関東地方では葉の色が明るいシラカシが好まれています。日当たりを好みますが、半日陰でも十分に育ちます。また、乾燥にもよく耐え、萌芽力が強いため、刈り込み剪定もできます。

月	1	2	3	4	5	6	7	8	9	10	11	12
花期				■	■							
花芽分化期												
剪定期						■	■			■	■	■

基本データ

常緑高木

樹形・大きさ

卵形　株立ち　2.5〜10m

花色：○

実色：●

主な仕立て方

卵形　株立ち

耐陰性：やや強

耐寒性：普通

剪定回数：2回

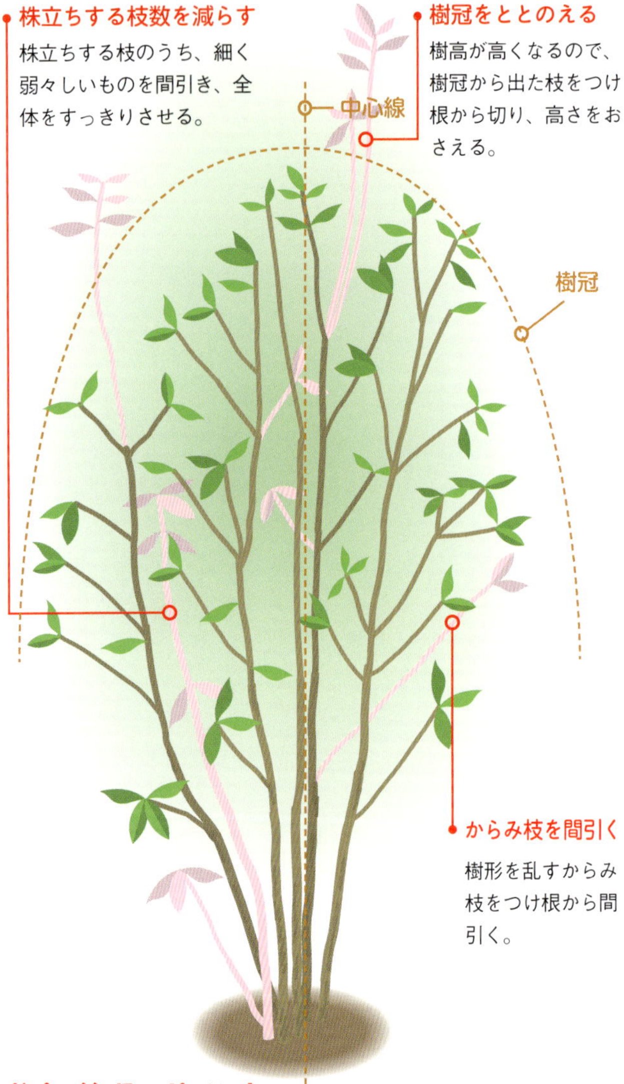
株立ちする枝数を減らす
株立ちする枝のうち、細く弱々しいものを間引き、全体をすっきりさせる。
樹冠をととのえる
樹高が高くなるので、樹冠から出た枝をつけ根から切り、高さをおさえる。
中心線
樹冠
からみ枝を間引く
樹形を乱すからみ枝をつけ根から間引く。

剪定・管理のポイント

- 枝の成長が止まった6月下旬〜7月、翌年の芽がついている10月中旬〜12月に枝の間引きを中心にした剪定を行う。
- 萌芽力が強いため、刈り込み剪定もできる。
- 株立ちに仕立てる「棒ガシ」の人気がある。仕立てには、若いうちに太い枝や長枝を切り戻して小枝を残し、幹から直接小枝が生えるようにする。
- 病害虫に強いため、とくに対策は必要ない。

イヌマキ

マキ科　マキ属

イヌマキは、針葉樹ですが、葉が平べったく長いのが特徴です。段づくりなどの仕立て方では、とくに和風庭園によく似合います。萌芽力が強く、刈り込み剪定にも耐えられますが、葉の切り口が茶色く変色して枯れるので、枝を間引いた方がより美しく仕上げることができます。

月	1	2	3	4	5	6	7	8	9	10	11	12
花期												
花芽分化期												
剪定期			○	○	●	●	●		○	○		

基本データ

常緑針葉小高木

樹形・大きさ

半球形

3〜6m

花色：○

実色：●

主な仕立て方

段づくり　生け垣

耐陰性：強

耐寒性：弱

剪定回数：1回

樹冠をととのえる

樹冠から出た枝をつけ根で間引き、樹冠をととのえる。

枝を間引く

枝葉が混み合った部分の枝を間引く。三叉に分かれた枝の中央の枝を間引いていくと、美しい樹形にできる。

下枝を落とす

株元をすっきりとさせ、風通しを確保する。

全体に枝を間引いたため、すっきりとし、主幹が見えるようになっている。

剪定・管理のポイント

- 剪定は、5〜7月に混み合った枝を間引いて樹冠から出た枝を間引く。
- 萌芽力が強く、刈り込み剪定をすることもできる。
- 枝を間引くときは、三叉に分かれている枝の中央を間引いて二叉にすると美しくなる。
- 病害虫には強いが、アブラムシが新芽につくことがあるため、被害が大きい場合は薬剤散布をする。

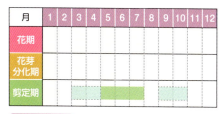

カイヅカイブキ

ヒノキ科　ビャクシン属

葉が炎のように出て特徴的な樹形を作ります。葉は細かなうろこ状で、独特の柔らかい質感をしており、刈り込み剪定にも向きます。しかし、あまり枝を短く切りつめると、先祖がえりになり、本来の葉よりもとがった葉が生えてきて樹形を乱す原因にもなるので注意が必要です。

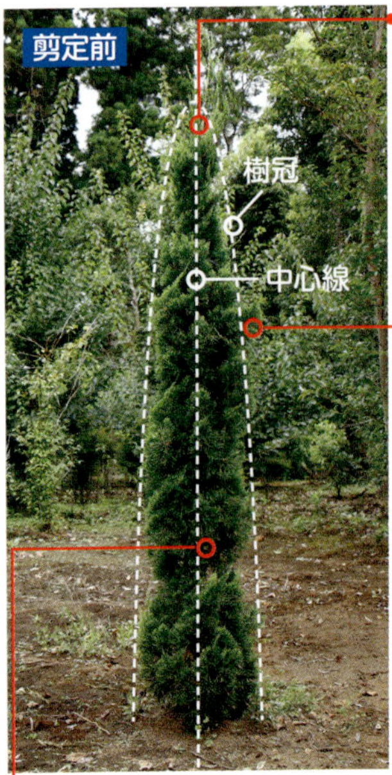

樹冠をととのえる

樹冠から飛び出た枝をつけ根で切り、樹冠をととのえる。

飛び出た葉を摘む

するどく飛び出た葉を摘むことで、独特のシルエットを作る。

枯れ枝を取る

日の当たらない樹冠内部には枯れ枝や枯葉が多くあるので、手で折り取っていく。

飛び出た葉を摘んだことで、独特のもこもことしたシルエットになっている。

剪定・管理のポイント

- 独特のもこもこした形を維持するため、3～4月に飛び出た葉を、樹冠内部にハサミを入れて枝の部分で切る。
- 萌芽力が強く、刈り込み剪定もできるが、刈り込みばかりしていると、内側の枝が枯れる。
- 赤星病を媒介する可能性があるので、感染しやすいナシやリンゴの木のそばには植えない。

月	1	2	3	4	5	6	7	8	9	10	11	12
花期												
花芽分化期												
剪定期												

基本データ

常緑針葉高木

樹形・大きさ

半球形

4～10m

花色：ー

実色：ー

主な仕立て方

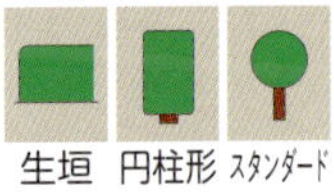

耐陰性：普通

耐寒性：強

剪定回数：1回

カクレミノ

ウコギ科　カクレミノ属

日本原産の常緑樹です。葉に深い切れこみがあるのが特徴で、その形が雨風をしのぐための蓑に似ていることからカクレミノという名前になったとされています。この葉の切れ込みは、幼木ほど深く、成木になればなるほど浅くなります。また、耐陰性が強く、庭作りには重宝されます。

月	1	2	3	4	5	6	7	8	9	10	11	12
花期												
花芽分化期												
剪定期			●	○	○	○	○	○				

実を摘む
中心線　樹勢が弱まることがあるため、花や実は見つけ次第摘み取る。

下葉を間引く
風通しを確保するために下葉を間引き、株元をすっきりさせる。

ひこ生えを間引く
ひこ生えを残しておくと茂りすぎるため、細い枝は地際で切る。

剪定・管理のポイント

- 放任しても樹勢はあまり乱れないので、剪定は3月に不要枝を間引く程度にする。
- 高さを低くしたいときは、好みの高さの位置で枝をぶつ切りにすると、切ったところから芽が出る。
- 日陰には強いが乾燥にはそれほど強くないため、夏場は水をあげるとよい。

基本データ

常緑小高木
樹形・大きさ
卵形　株立ち　2～5m
花色：●
実色：●

主な仕立て方
卵形　株立ち
耐陰性：強
耐寒性：普通
剪定回数：1回

カナメモチ

バラ科　カナメモチ属

色鮮やかな赤色をした葉が景色に映えるため、生け垣などに広く利用されています。初夏に咲かせる白い花は、ほのかに甘い香りがします。日当たりが悪くても育ちますが、色づきがやや悪くなります。葉の色がとくに赤くなるレッドロビン（写真）という品種が人気です。

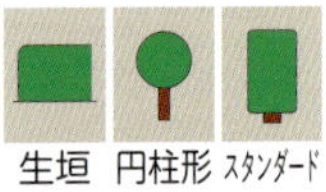

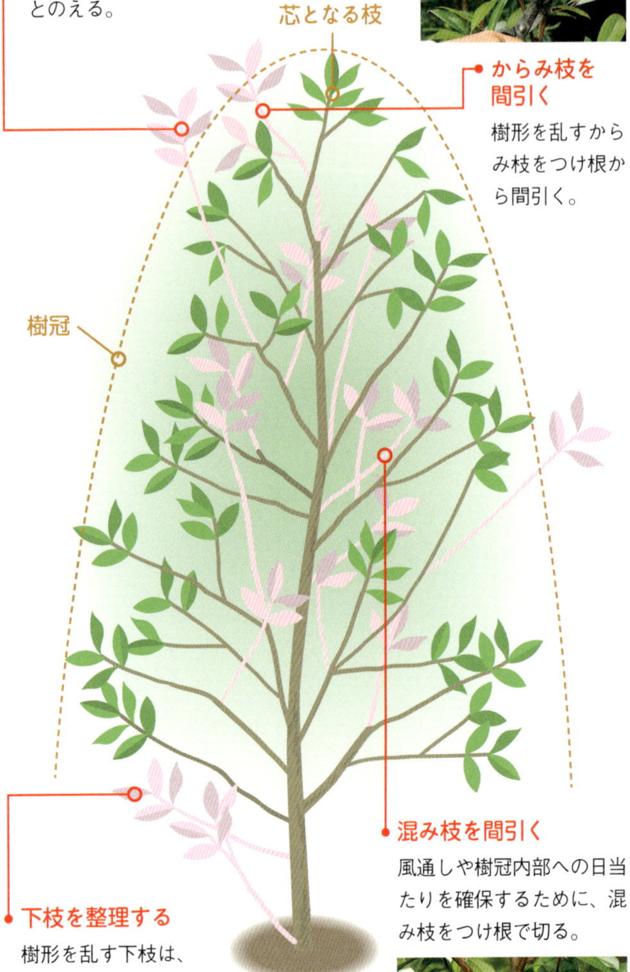

- **樹冠から出た枝を切り戻す**
  樹冠から出た枝は、枝のつけ根で切り、樹冠をととのえる。
- **芯となる枝**
- **からみ枝を間引く**
  樹形を乱すからみ枝をつけ根から間引く。
- **樹冠**
- **混み枝を間引く**
  風通しや樹冠内部への日当たりを確保するために、混み枝をつけ根で切る。
- **下枝を整理する**
  樹形を乱す下枝は、つけ根で切る。

剪定・管理のポイント
- 剪定は4月もしくは6月に、不要枝を間引いて樹冠から出た枝を切る。
- 車枝状に枝が密生しやすいので、樹冠内部を探し、枝葉が混み合ったところを間引くとよい。
- 萌芽力が強く成長が早いので、刈り込み剪定もできる。

月	1	2	3	4	5	6	7	8	9	10	11	12
花期					■	■						
花芽分化期								■	■			
剪定期			■	■	■	■	■					

基本データ
常緑高木
樹形・大きさ：半球形　1～6m

主な仕立て方：生垣、円柱形、スタンダード

花色：○
実色：●
耐陰性：普通
耐寒性：強
剪定回数：1～2回

キャラボク

イチイ科　イチイ属

日本海側が原産のイチイの変種で、イチイに比べて暑さや日陰に強いため、庭木として人気があります。幹には香りがあり、それが、インドの香木であるキャラに似ていることが名前の由来です。針葉樹のため針状の細かい葉をもち、萌芽力が強いため、刈り込み剪定をすることもできます。

月	1	2	3	4	5	6	7	8	9	10	11	12
花期												
花芽分化期												
剪定期												

基本データ

常緑針葉低木

樹形・大きさ

半球形

1〜5m

花色：—

実色：—

主な仕立て方

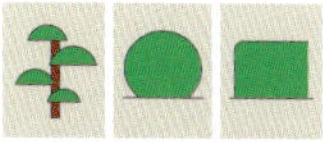

段づくり　玉づくり　生垣

耐陰性：やや強

耐寒性：普通

剪定回数：1回

長く伸び出た枝を切り戻す

長く伸び出た太い枝を樹冠内部で切り戻しておくと、刈り込み剪定をするときに切りやすく、また切り口が目立たないため、美しく仕上がる。

刈り込みをする

飛び出ている小枝などを整理するように刈り込む。とくに明るい色の新芽を刈っておくと樹形をコンパクトに保てる。

細かく伸び出て樹形を乱していた枝がなくなり、全体的にすっきりした。

剪定・管理のポイント

- 剪定は、3〜4月に刈り込みをする。
- 刈り込み剪定をする前に、樹冠から出た太い枝を樹冠内で切り戻しておくと、刈り込みがしやすく、また仕上がりが美しくなる。
- 伸びた分だけを刈りこむようにするとコンパクトに保つことができる。

キンメツゲ

モチノキ科　モチノキ属

イヌツゲの園芸品種で、新芽が金色に輝くように見えることが名前の由来です。ツゲという名前がついていますが、ツゲ科のツゲとは種類が違い、キンメツゲは葉が互生で葉の縁にぎざぎざがあります。すぐに枝が伸びるため、年に数回刈り込み剪定と枝の間引きをすることがお勧めです。

月	1	2	3	4	5	6	7	8	9	10	11	12
花期												
花芽分化期												
剪定期		○	●	●/○	○	○	○					

基本データ

常緑低木

樹形・大きさ

卵形

1〜3m

花色：●

実色：●

主な仕立て方

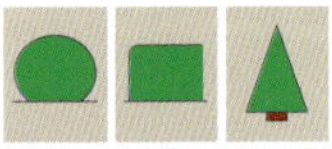

耐陰性：強

耐寒性：普通

剪定回数：1回

内部の枝を間引く

内部に光が届かないと枯れ枝ばかりになるので、混み合った枝やからんだ枝を間引き、株全体をすっきりさせる。

長く伸び出た枝を切り戻す

長く伸び出た太い枝を樹冠内部で切り戻しておくと、刈り込み剪定をするときに切りやすく、また切り口が目立たないため、美しく仕上がる。

刈り込みをする

伸びた分だけを刈り込み、樹冠をととのえるのが基本。樹形を小さくしたい場合には、刈り込みと枝の間引きを並行して行う。

飛び出ていた枝が刈り取られ、全体にひとまわり小さく、すっきりとした。

剪定・管理のポイント

- 剪定は、3〜4月上旬に刈り込みをする。
- 強く刈り込みをして葉がなくなっても、萌芽力が強いので枯れることはない。
- 樹冠内部に光が届かないと内部が枯れ枝ばかりになるので、刈り込みと枝の間引きの両方をするとよい。
- 水をあげる際、葉の裏にも水をあててハダニを予防する。

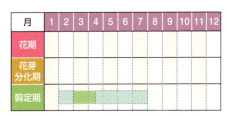

クロガネモチ

モチノキ科　モチノキ属

葉の軸や若い枝が黒っぽいことが名前の由来といわれます。雌雄異株で、雌株は秋から冬にかけて、赤く丸い実をたくさんつけます。また、光沢のある濃い緑色の葉を1年を通じて鑑賞できますが、寒さにあたると落葉することもあります。カイガラムシやアブラムシには注意が必要です。

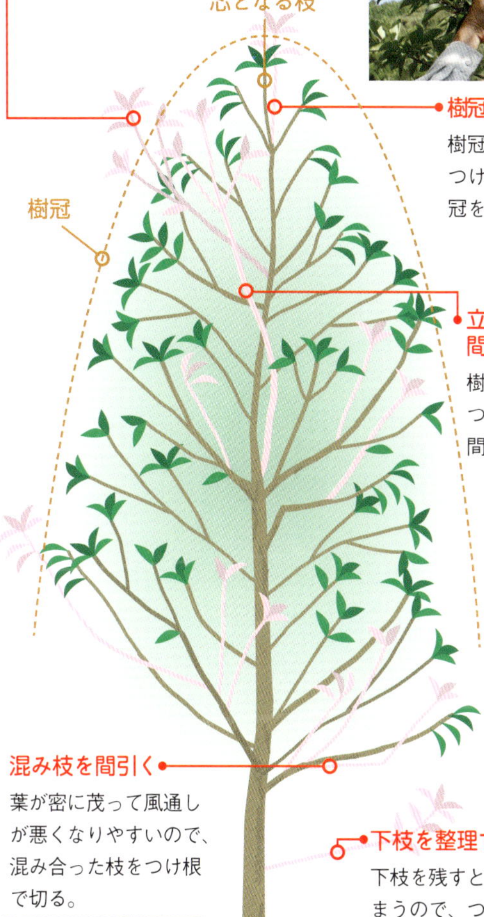

からみ枝を間引く
樹形を乱すからみ枝をつけ根で切り取る。

樹冠をととのえる
樹冠から出た枝をつけ根で切り、樹冠をととのえる。

立ち枝を間引く
樹形を乱すので、つけ根で切って間引く。

混み枝を間引く
葉が密に茂って風通しが悪くなりやすいので、混み合った枝をつけ根で切る。

下枝を整理する
下枝を残すと茂りすぎてしまうので、つけ根で切る。

月	1	2	3	4	5	6	7	8	9	10	11	12
花期					■	■						
花芽分化期								■	■			
剪定期		□	□	■	□	□						

剪定・管理のポイント

- 剪定は、4月に不要枝の間引きをする。
- 主幹から小さな枝が生えやすいので、枝の間隔が狭い部分はつけ根から間引く。
- 萌芽力が強いので、刈り込んで生け垣にできる。
- カイガラムシやアブラムシが発生しやすいので、枝を間引いて風通しを確保する。

基本データ

常緑小高木
樹形・大きさ

卵形
5～8m

花色：●
実色：●

主な仕立て方

卵形　生垣　段づくり

耐陰性：やや強
耐寒性：普通
剪定回数：1回

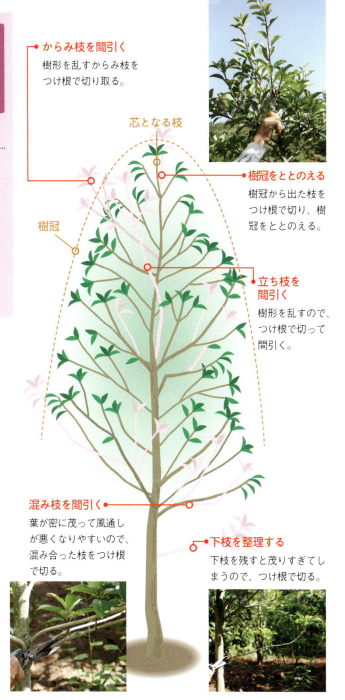

ゲッケイジュ

クスノキ科　ゲッケイジュ属

古代ギリシャの時代から、勝利者のシンボルとされてきました。葉を乾燥させると、ローリエとよばれる香辛料になります。日当りのよい場所を好み、乾燥にも強い木ですが、カイガラムシが発生しやすい木でもあります。冬に薬剤を散布しておき、見つけたらブラシなどでこすり落とします。

- **からみ枝を間引く**
  樹形を乱し、葉が混み合う原因となるからみ枝をつけ根で切る。
- 中心線
- **樹冠をととのえる**
  樹冠から出ている枝をつけ根で切り、樹冠をととのえる。
- 樹冠
- **枝を間引く**
  茂って、内側の日当たりや風通しが悪くなりやすいので、混み枝をつけ根で切る。
- **内向枝を間引く**
  樹形を乱し、枝葉が混み合う原因となるので、つけ根で切り取る。

剪定・管理のポイント

- 剪定は、3～4月に不要枝と樹冠から出た枝を間引き、木全体をコンパクトにする。
- 成長が早く、樹高が高くなりやすいが、新芽が出たあとに新芽を切っておくと、成長を止めることができる。
- カイガラムシが発生しやすいので、見つけ次第、歯ブラシなどでこすり落とす。

月	1	2	3	4	5	6	7	8	9	10	11	12
花期				■								
花芽分化期								■	■			
剪定期			■	■	■							

基本データ

常緑高木
樹形・大きさ：卵形　4～8m
花色：黄
実色：黒

主な仕立て方：円柱形／スタンダード
耐陰性：やや強
耐寒性：普通
剪定回数：1回

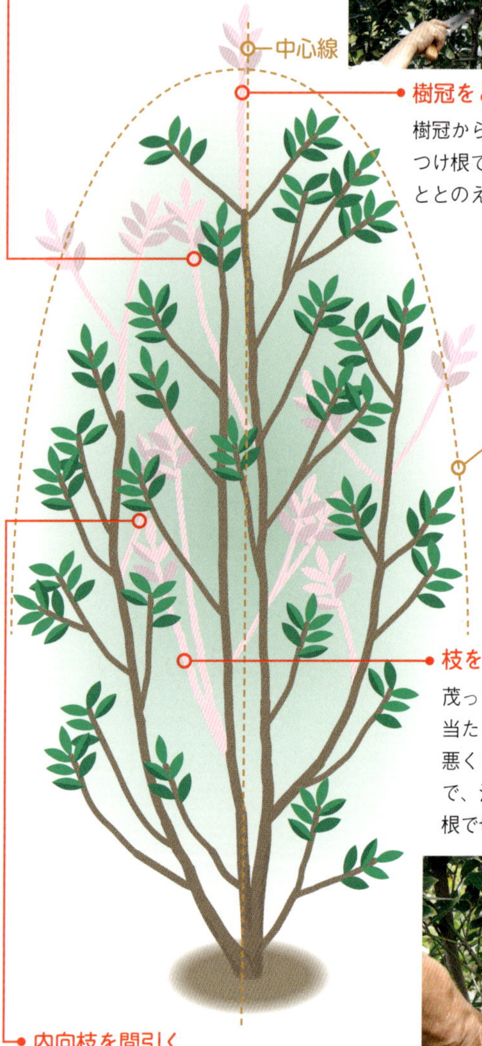

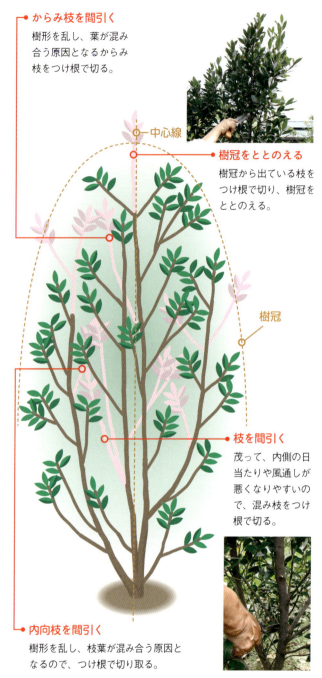

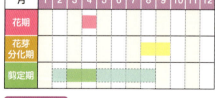

サカキ

ツバキ科　サカキ属

日本では、古来から神聖な木としてさまざまな神事に用いられてきました。美しい光沢のある葉が特徴で、斑入りの品種などもあります。日陰でもよく育つので生け垣などにも利用できます。成長が比較的遅いので樹形は乱れにくく、芽吹きもよいので、手入れが比較的容易です。

混み枝を間引く
サカキは車枝状に枝が出て、混み合うことがあるので、不要な枝は太い枝であってもつけ根で切る。

立ち枝を整理する
混み合って風通しが悪くなり、見た目もよくないので、立ち枝はつけ根で切り取る。

下枝を整理する
株元をすっきりさせて、風通しを確保する。

月	1	2	3	4	5	6	7	8	9	10	11	12
花期						■	■					
花芽分化期												
剪定期		□	■	■	□	□					□	

基本データ

常緑小高木
樹形・大きさ

卵形
1～5m

花色：○（黄）
実色：●（黒）

主な仕立て方

卵形

耐陰性：強
耐寒性：普通
剪定回数：1回

剪定・管理のポイント

- 成長が遅く、自然と樹形がまとまるので、3～4月に樹冠を決めて剪定をすると美しく仕上がる。
- 湿潤で肥沃な土壌を好み、乾燥を嫌う。
- 萌芽力が強いので、刈り込み剪定もできる。

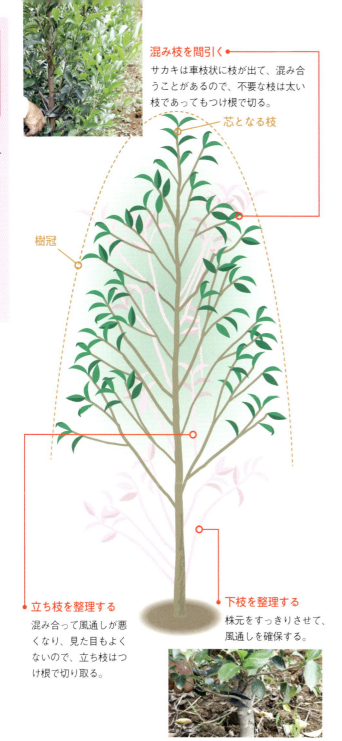

ササ

イネ科

ササは、背の低い品種が多く耐陰性にも優れるため、グランドカバーとして広く使われています。斑入りのクマザサや、やや背の高くなるオカメザサなど、品種も豊富です。タケとよく似ていますが、タケは成長とともに皮がはがれ落ちるのに対して、ササの皮は枯れるまでついています。

月	1	2	3	4	5	6	7	8	9	10	11	12
花期												
花芽分化期												
剪定期	■	■										

基本データ

常緑低木

樹形・大きさ

タケ類

0.5〜1m

花色：◯

実色：ー

主な仕立て方

株立ち

耐陰性：強

耐寒性：強

剪定回数：1回

芽の上で切り戻す

ササは秋ごろに芽をつけるので、その芽を確認しながら、すべての枝が20㎝くらいになるように切り戻す。刈り込みバサミを使ってもよい。

内側を整理する

細い枝や、枯れた枝が多く出ているので、すべて地際で切り、風通しをよくする。

全体に高さがおさえられている。春には枝が伸びて葉が茂る。

剪定・管理のポイント

- 芽が出る前に短く切ると、枯れる可能性があるので、剪定は年明けごろを目安に20cm程度に切りそろえる。
- 芽は数多く出るので、1本1本剪定をすることができない場合は、刈り込み剪定をしてもよい。
- 短く切りそろえる剪定は、3年に1回程度を目安にすると、樹形を維持しやすい。

シマトネリコ

モクセイ科　トネリコ属

葉が明るい緑色をしているため、庭に植えると庭全体が明るい印象になります。とくに、株立ちにして雑木林風にするのが人気です。初夏に小さな白い花をたくさんつけ、夏が終わると実をつけます。亜熱帯性の植物なので、寒い地方には適していません。病害虫はほとんど発生しません。

月	1	2	3	4	5	6	7	8	9	10	11	12
花期					■							
花芽分化期								■	■	■		
剪定期			■	■	□	□	□					

基本データ

常緑高木

樹形・大きさ

卵形

3～10m

花色：○

実色：○

主な仕立て方

卵形　株立ち

耐陰性：普通

耐寒性：普通

剪定回数：1回

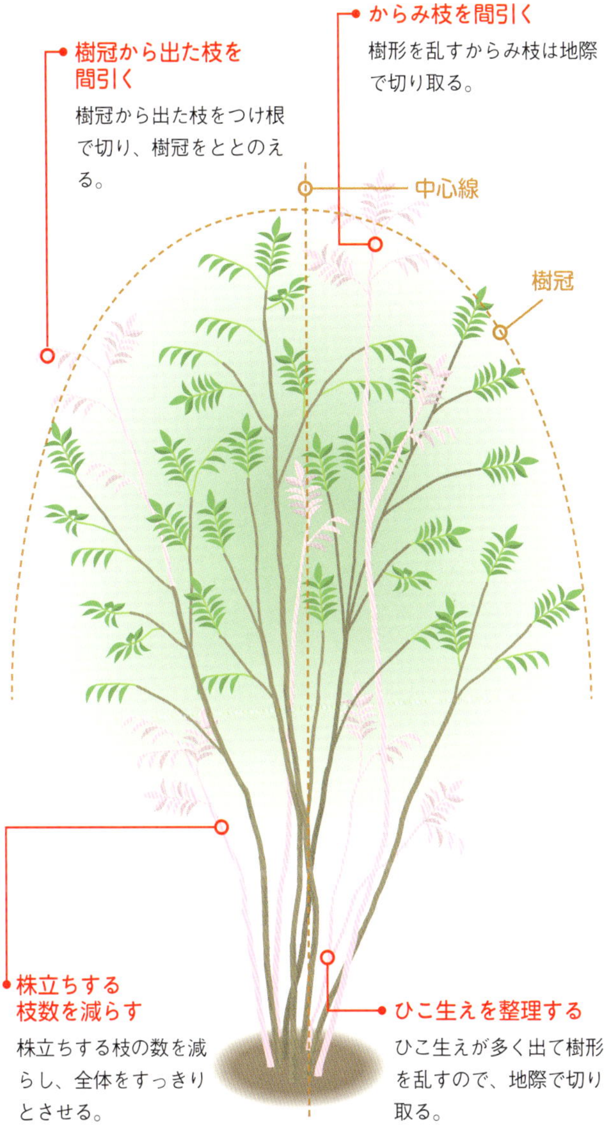
樹冠から出た枝を間引く
樹冠から出た枝をつけ根で切り、樹冠をととのえる。
からみ枝を間引く
樹形を乱すからみ枝は地際で切り取る。
中心線
樹冠
株立ちする枝数を減らす
株立ちする枝の数を減らし、全体をすっきりとさせる。
ひこ生えを整理する
ひこ生えが多く出て樹形を乱すので、地際で切り取る。

剪定・管理のポイント

- 剪定は3～4月に、おもに不要な株立ちする枝の間引きをして、全体をすっきりさせる。
- 成長が早いので、手入れがしやすい大きさに保ちたいときには、年2回剪定してもよい。
- 不要な枝は中途半端に残さず、つけ根から切り取ったほうが自然な仕上がりになる。

ジュニペルス

ヒノキ科　ビャクシン属

円すい形のエンジェル（写真）や横に広がるバーハーバーなど、品種によって樹形が異なります。円すい形の品種は側枝の成長が早く、放っておくと樹形が乱れるため、定期的に剪定します。枝の密度が低く、刈り込みは適していません。横に広がる品種は、均等に広がるように剪定します。

月	1	2	3	4	5	6	7	8	9	10	11	12
花期												
花芽分化期												
剪定期		○	●	●	○	○						

基本データ

常緑針葉小高木

樹形・大きさ

円すい形

0.3〜10m

花色：—

実色：●

主な仕立て方

円すい形　スタンダード

耐陰性：普通

耐寒性：強

剪定回数：1回

芯を1本にする

きれいな円すい形にするために、頂部の枝分かれした部分を1本にする。

長く伸びた葉を摘む

葉が長く伸びて樹形を乱すので、ハサミを中に入れて1本1本ていねいに摘み取る。

下枝を整理する

樹形を乱す下枝を、つけ根で切り取る。

枯れ枝を間引く

樹冠内部の日が当たらない部分に枯れ枝が多くあるので、葉をかき分けて間引く。

きれいな円すい形になり、枯れ枝の整理をしたことで、全体的にすっきりとした印象になった。

剪定・管理のポイント

- 剪定は、3〜4月に枯れ枝の間引きや伸びた葉の摘み取りなどをする。
- 円すい形の樹形をイメージしながら、内側に伸びる枝を間引き、外側に広がる枝を残す。
- 頂部の枝が2本のまま育つと枝の重みで先が広がって割れてしまうので、1本にすることを意識する。

ソヨゴ

モチノキ科　モチノキ属

波状の繊細な葉をもち、その葉が風にそよぐさまからその名がついたといわれます。5～6月ごろに花が咲き、秋になると葉のつけ根に実がつきます。実は赤くなり観賞用になるので、切らずに取っておきましょう。ただし、雌雄異株のため、雄株と雌株を植えないと実はつきません。

月	1	2	3	4	5	6	7	8	9	10	11	12
花期					■	■						
花芽分化期						■						
剪定期		□	□	■	□	□	□	□				

基本データ

常緑高木

樹形・大きさ

卵形

2.5～10m

花色：○

実色：●

主な仕立て方

卵形

株立ち

耐陰性：普通

耐寒性：強

剪定回数：1回

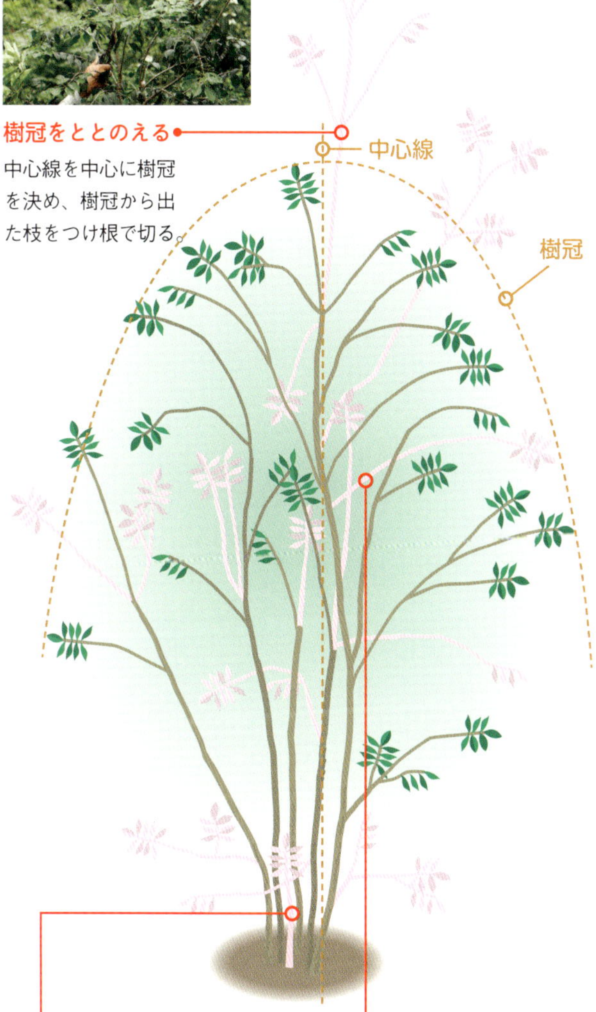

樹冠をととのえる

中心線を中心に樹冠を決め、樹冠から出た枝をつけ根で切る。

ひこ生えを間引く

樹形を乱し、茂りすぎる原因ともなるので、地際で切る。

不要枝を間引く

からみ枝や平行枝などの不要枝をつけ根で切る。

剪定・管理のポイント

- 放っておいても比較的樹形が保たれるので、剪定は4月に伸びた枝や混み合った枝を切る程度で構わない。
- 枝先のやわらかな雰囲気が持ち味なので、細い枝を大事にするとよい。
- カイガラムシがつくことがあるので、見つけ次第、歯ブラシなどでこすり落とす。

タイサンボク

モクレン科　モクレン属

北アメリカ原産で、樹形の美しさからシンボルツリーとして人気があります。艶のある緑色の葉表と、茶色い布のような葉裏のコントラストが特徴で、5～6月には大きな白い花も楽しめます。自然樹形だけでなく、株立ちにもできます。大きくならないヒメタイサンボクという種もあります。

月	1	2	3	4	5	6	7	8	9	10	11	12
花期					■	■						
花芽分化期							■	■	■			
剪定期			■							■	■	■

基本データ

常緑高木

樹形・大きさ

卵形

3～10m

花色：○

実色：●

主な仕立て方

卵形

株立ち

耐陰性：やや強

耐寒性：やや強

剪定回数：1～2回

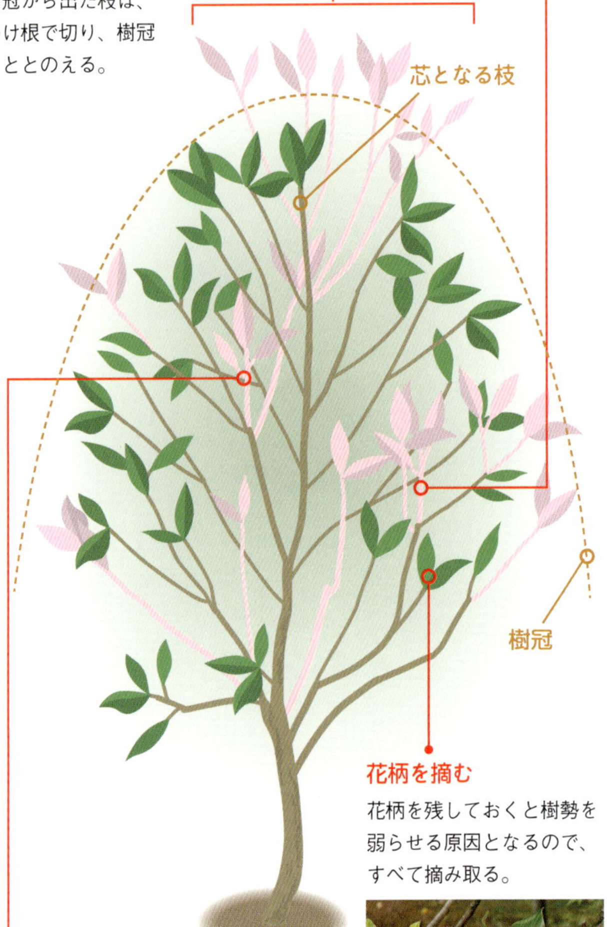

からみ枝を間引く
樹形を乱すからみ枝をつけ根で切り取る。
樹冠をととのえる
樹冠から出た枝は、つけ根で切り、樹冠をととのえる。
芯となる枝
樹冠
花柄を摘む
花柄を残しておくと樹勢を弱らせる原因となるので、すべて摘み取る。
混み枝を間引く
樹冠内部の風通しや日当たりを確保するために、混み合った枝はつけ根で切る。

剪定・管理のポイント

- 放っておくと大木になるので、10～12月もしくは3月の剪定時に長枝を切ってコンパクトにする。
- もともとは暖地の樹木のため、冬に北風にあたる場所は避けて植えつける。
- 樹形を小さくするために切りつめるときは、枝に葉を数枚残すようにすると、枝枯れを防ぐことができる。

チャボヒバ

ヒノキ科　ヒノキ属

萌芽力が強く、刈り込み剪定で好きな形に作り込むことができます。複雑な形にすると、樹形の維持に手間がかかりますが、しっかり手入れをすれば非常に映える木です。葉のない枝の途中からは芽を出さないので、剪定をして枝ばかりにしてしまうと、枯れてしまう可能性があります。

樹形をととのえる

中心線を決め、主幹が中心線に近くなる位置で切り、樹形をととのえる。

内側の枝を間引く

日の当たらない樹冠内部は枝葉が枯れるため、混み合った枝などを間引いて日当たりを確保する。

樹冠を出た枝を切り戻す

小さな枝が樹冠から出やすいので、ていねいに1本1本切り戻して樹冠をととのえる。

枝が減って主幹が見えるようになっている。また、樹冠から出た枝も整理されている。

剪定・管理のポイント

- 剪定は基本的に2～3月に軽く形をととのえる。
- 刈り込みをすると葉が茶色く枯れるので、刈り込みは芽吹き前の3月ごろにすると、芽が伸びて枯れが目立たなくなる。
- 内側の枯れている枝を取りのぞくとき、葉がついていなくても柔軟性がある枝は枯れていないので残す。
- 切り口を目立たなくさせるには、手で摘み取るとよい。

月	1	2	3	4	5	6	7	8	9	10	11	12
花期												
花芽分化期												
剪定期												

基本データ

常緑針葉小高木

樹形・大きさ

円柱形

5～7m

花色：ー

実色：●

主な仕立て方

円柱形

円すい形

耐陰性：やや強

耐寒性：やや強

剪定回数：1回

トウヒ

マツ科　トウヒ属

正確には北海道などに分布するエゾマツの変種を指しますが、一般的にトウヒ属の木全般を指します。きれいな円すい形になるため、モミの木の代わりにクリスマスツリーにもよく利用されます。葉は緑色ですが、ブンゲンストウヒのように銀青色の種類などもあり、こちらも人気があります。

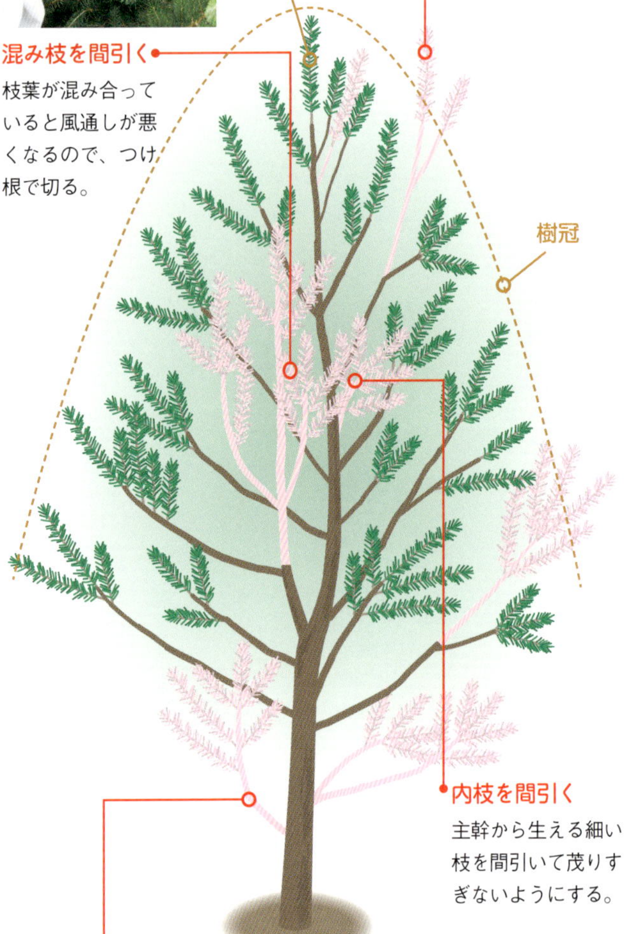

樹冠をととのえる
芯となる枝を1本決めて、それを中心に樹冠を決め、樹冠から出た枝を間引き、樹冠をととのえる。

混み枝を間引く
枝葉が混み合っていると風通しが悪くなるので、つけ根で切る。

内枝を間引く
主幹から生える細い枝を間引いて茂りすぎないようにする。

下枝を整理する
株元の枝を整理することで、全体にすっきりした印象になる。

月	1	2	3	4	5	6	7	8	9	10	11	12
花期												
花芽分化期												
剪定期												

剪定・管理のポイント

- 放っておいても樹形が大きく乱れることはないので、年1回2～3月を目安に形をととのえる程度に剪定する。
- 樹冠内部の枝が枯れやすいので、内部の枝を間引くように剪定するとよい。
- 夏にハダニが発生することがあるので、定期的な薬剤散布が効果的。

基本データ

常緑針葉高木

樹形・大きさ

円すい形
2～15m

花色：ー
実色：●

主な仕立て方

円すい形

耐陰性：強
耐寒性：強
剪定回数：1回

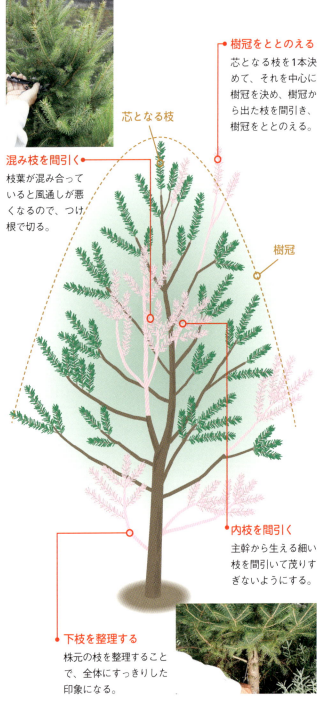

ナンテン

メギ科　ナンテン属

「難を転ずる」に通じる名前から、魔除けや縁起物として植えられます。夏前に白い花や秋の紅葉、鮮やかな赤色の実などは見映えがするうえ、丈夫で育てやすいので人気が高い庭木です。実が白いものをシロナンテンといいます。カイガラムシやハマキムシなどの害虫に注意が必要です。

月	1	2	3	4	5	6	7	8	9	10	11	12
花期					●	●						
花芽分化期							●	●	●			
剪定期		●	●									●

基本データ

常緑低木
樹形・大きさ

株立ち
2〜3m

花色：○
実色：○●

主な仕立て方

株立ち

耐陰性：やや強
耐寒性：やや強
剪定回数：1〜2回

樹冠をととのえる
中心線を中心に樹冠を決め、樹冠から出た枝をつけ根で切る。

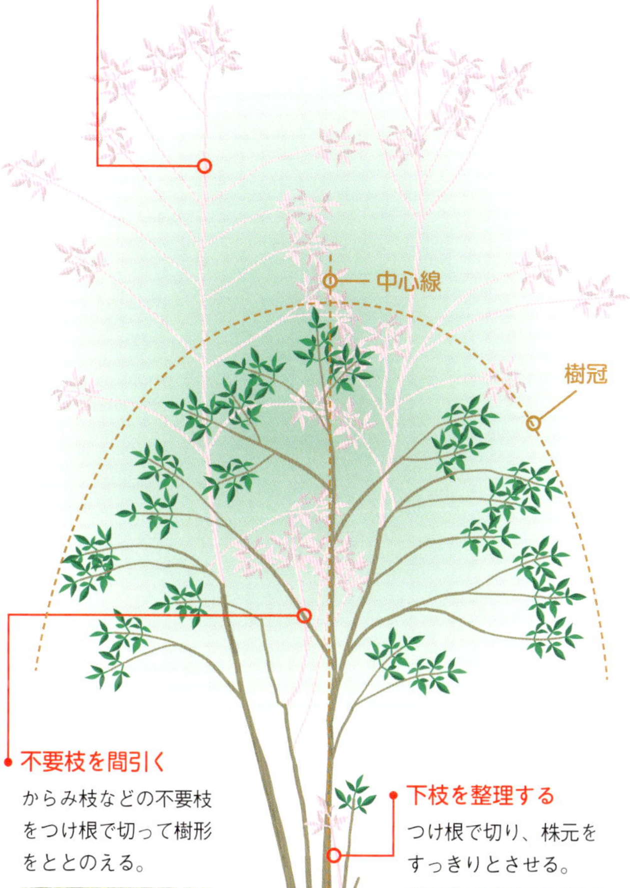

不要枝を間引く
からみ枝などの不要枝をつけ根で切って樹形をととのえる。

下枝を整理する
つけ根で切り、株元をすっきりとさせる。

剪定・管理のポイント

- 神経質な剪定は必要なく、12月もしくは2〜3月に高さをそろえたり、混み枝を間引いたりする程度でよい。
- 株立ちの場合は、古い枝を地際で切って枝数を調節するとともに、新しい枝を育てる。
- 3〜4年に一度、スコップを根元から30cmの場所に差し込んで根を切ると成長が調節され、実つきがよくなる。
- 6月に長雨が続くと実つきが悪いので、雨よけをする。

ニッコウヒバ

ヒノキ科　ヒノキ属

サワラの園芸品種です。葉は鮮やかな黄金色で、日当たりがよいほど発色がよくなります。自然樹形は円すい形で、放任してもある程度まとまった樹形になります。刈り込みに強く成長も早いので、生け垣に利用することもできます。剪定は、葉が伸びる3～5月ごろが適期です。

月	1	2	3	4	5	6	7	8	9	10	11	12
花期												
花芽分化期												
剪定期			■	■	■		■	■	■			

基本データ

常緑針葉高木
樹形・大きさ

 円すい形　8m

花色：—
実色：—

主な仕立て方

円すい形　生け垣

耐陰性：弱
耐寒性：強
剪定回数：1回

剪定前

- 芯となる枝
- 樹冠

● **高さをおさえる**
成長が早いため、主幹を切り戻してコンパクトにおさめる。

● **枝を間引く**
日が当たらないと枯れ枝が多くなるので、外から主幹が見える程度に不要枝を間引く。

● **下枝を整理する**
風通しをよくし、見た目もすっきりさせるために下枝はつけ根で切る。

剪定後

枝葉が間引かれ、すっきりとした。主幹が見えるようになり、樹冠内部まで日が当たっていることがわかる。

剪定・管理のポイント

- 日が当たらない枝葉は枯れるので、3～5月に枝を間引いて樹冠内部にも日が当たるようにする。
- 萌芽力が強く、刈り込み剪定にも耐えられる。
- 刈り込みをする場合は、成長のはじまる春先に行うとよい。すぐに枝葉が成長して刈り込み跡が目立たなくなる。

ヒイラギナンテン

メギ科　ヒイラギナンテン属

ギザギザした葉はヒイラギやセイヨウヒイラギなどによく似ていますが、まったく異なる種類です。春に黄色くかわいらしい穂状の花が咲いたあと、夏前に紫色の実がなり、冬には紅葉するため、1年を通してさまざまな姿を見ることができます。建物の陰などでもよく育ちます。

内側の枝を間引く

枝葉が茂り、風通しが悪くなりやすいので、内側の細い枝をつけ根で切り、風通しを確保する。

樹冠をととのえる

樹冠から出て樹形を乱す枝をつけ根で切り取る。

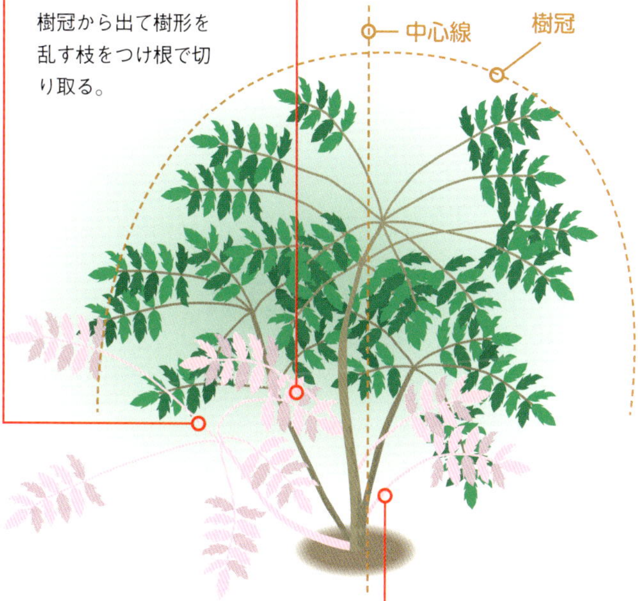

下枝を間引く

下枝をつけ根で切り取り、株元をすっきりさせる。

剪定・管理のポイント

- 成長が遅く、1年に7～8㎝しか伸びないため、3～4月に混み枝を整理する程度の軽い剪定をする。
- 株全体の大きさを小さくしたいときには、太い枝を好きなところでぶつ切りにしてよい。切ったところから枝が出る。
- 葉が枯れたり汚れたりして、見た目が汚くなりやすいので、そのような葉は取り除くとよい。

月	1	2	3	4	5	6	7	8	9	10	11	12
花期				■	■							
花芽分化期								■				
剪定期			■	■	□	□						

基本データ

常緑低木

樹形・大きさ

株立ち

1～1.5m

花色：黄

実色：紫

主な仕立て方

株立ち

耐陰性：やや強

耐寒性：普通

剪定回数：1回

マツ

マツ科　マツ属

マツは、日当たりのいい乾燥した場所を好み、庭木として古くから人々に親しまれています。一般的にマツとして知られているのは、アカマツとクロマツです。アカマツは樹皮の赤さや葉の細さから「女松」、クロマツは葉の太さや樹皮の荒々しい割れ模様から「男松」ともよばれます。

月	1	2	3	4	5	6	7	8	9	10	11	12
花期												
花芽分化期												
剪定期	■	■	■		■	■	■					■

基本データ

常緑針葉高木

樹形・大きさ

円すい形

3～15m

花色：─

実色：─

主な仕立て方

円すい形

段づくり

耐陰性：普通

耐寒性：普通

剪定回数：2回

夏の剪定（5～7月）

［ミドリ摘み］

5～7月ごろになると新芽（ミドリ）が枝先から3～4本出てきて、そのままにしておくと樹形を乱すため、新芽のうちに摘み取るとよい。

新芽のうち、長く伸びるものをつけ根で折り取る。新芽が二又に開くように2芽残すようにすると樹形を作りやすくなる。新芽は手で簡単に折れるので、基本的には手で摘む。

残した芽の先端を、長さがそろうように折り取る。

剪定・管理のポイント

- 美しい樹形を維持するためには、春から初夏のミドリ摘み、冬のもみ上げ・剪定などの細かい作業が重要。
- 枝がすべて二又に分かれるように剪定をすると美しい樹形を保つことができる。
- 切ったところから新たな芽が出ないため、太い枝を切ると枯れてしまう可能性がある。
- マツケムシが発生しやすいので、見つけ次第、補殺する。5月に薬剤散布をすることも効果的。
- 水はけの悪いところを嫌うので、植え付けは水はけのよいところにする。

冬の剪定（11月下旬～3月）

枝を二又にする

一か所から3～4本の新芽が出るため、細かく枝分かれをしやすい。2本残して二又にすると、美しい樹形を維持できる。

もみ上げをする

古い枝についている葉を残しておくと枯れて茶色に変色し美しくないため、手で摘み取る。この作業をもみ上げという。

モチノキ

モチノキ科　モチノキ属

粘り気のある樹液は、かつて虫や鳥を捕らえるために使うとりもちの原料として使われていました。つやがあって鮮やかな緑色の葉が美しく、じょうぶで育てやすいために人気が高い木です。秋には赤い実がなりますが、雌雄異株なので実を鑑賞したいときは雌株を植えましょう。

樹冠をととのえる

樹冠から出ている枝はつけ根で切り、樹冠をととのえる。

芯を1本にする

芯となる枝を1本決めて、競合する長い枝をつけ根で切る。

からみ枝を間引く

樹形を乱すからみ枝は、つけ根で切る。

混み枝を間引く

萌芽力が強く枝葉が混み合いやすいので、混み枝はつけ根で切って、風通しを確保する。

月	1	2	3	4	5	6	7	8	9	10	11	12
花期			●	●								
花芽分化期								●	●			
剪定期	●	●				●	●					

基本データ

常緑高木

樹形・大きさ

卵形

3～10m

花色：●

実色：●

主な仕立て方

卵形　段づくり　円柱形

耐陰性：強

耐寒性：強

剪定回数：1～2回

剪定・管理のポイント

- 枝葉が混み合いやすいので、1～2月もしくは6～7月に不要枝を間引くと、風通しがよくなり病害虫も減る。
- 萌芽力が強く、刈り込み剪定をすることもできる。
- カイガラムシが発生する場合があるので、見つけ次第、歯ブラシなどでこすり落とす。

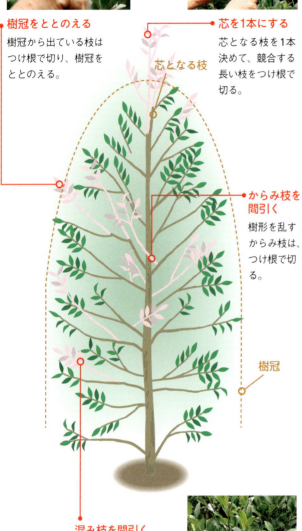

モッコク

ツバキ科　モッコク属

庭木の王様ともよばれるほどに存在感がある枝ぶりが特徴です。秋には赤い実を楽しむこともできますが、どちらかというと、枝振りやつやのある肉厚の葉を楽しむ樹木です。斑入りのフイリモッコクという品種もあります。成長がゆっくりで樹形が乱れにくいことも人気の一因です。

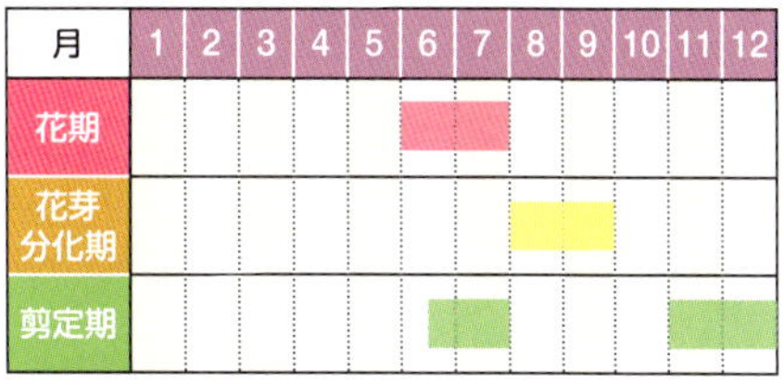

基本データ

常緑高木

樹形・大きさ

半球形

3〜10m

花色：○

実色：●

主な仕立て方

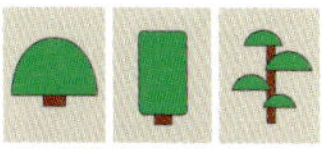

半球形　円柱形　段づくり

耐陰性：普通

耐寒性：普通

剪定回数：1〜2回

混み枝を間引く

車枝状に1か所から多くの枝が出やすいので、つけ根で切り、風通しをよくする。

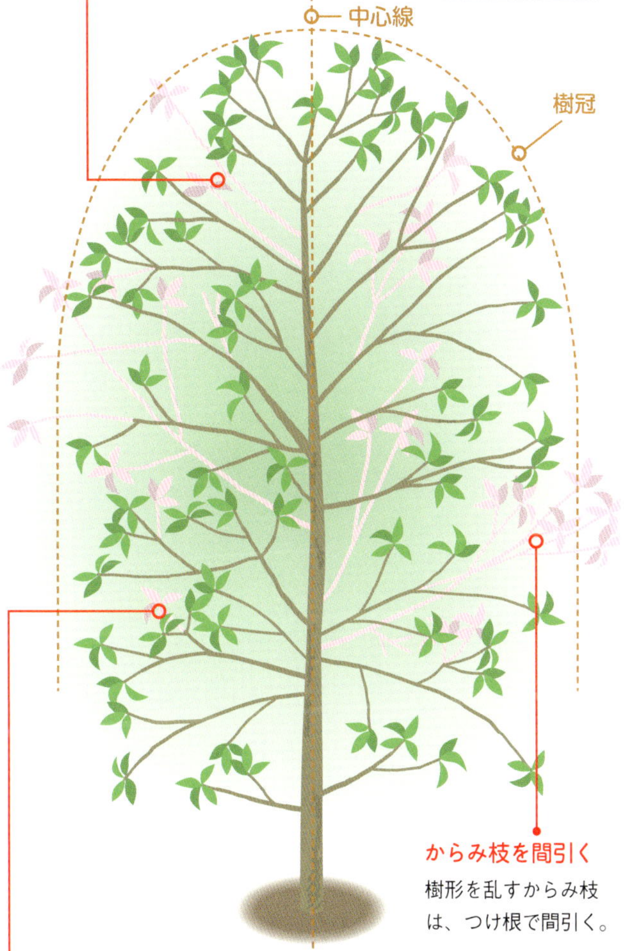

からみ枝を間引く

樹形を乱すからみ枝は、つけ根で間引く。

枝を間引く

1か所から何本もの枝が伸びるため、2本残して二又にする。こうすることで樹形がととのうとともに、風通しもよくなる。

剪定・管理のポイント

- 7月か11〜12月ごろに不要枝を間引く程度に剪定する。
- 1か所から何本もの新梢が伸びるため、2本残して二又になるように間引くと、樹形を維持しやすい。
- カイガラムシやハマキムシが発生する。カイガラムシは見つけ次第、歯ブラシなどでこすり落とし、ハマキムシは春に薬剤を散布することが効果的。

ヤツデ

ウコギ科　ヤツデ属

「天狗の団扇」ともよばれる、人間の手のひらによく似た形の大きな葉が目を引きます。日陰でもよく育つため、ほかの庭木を植えにくい日当たりの悪い場所に植えることができる貴重な庭木です。逆に、日差しが強すぎたり、乾燥していたりする場所には適しません。斑入り品種もあります。

月	1	2	3	4	5	6	7	8	9	10	11	12
花期	■	■									■	■
花芽分化期								■	■			
剪定期				■	■	■						

基本データ

常緑低木

樹形・大きさ

株立ち

1〜3m

花色：○

実色：●

主な仕立て方

株立ち

耐陰性：強

耐寒性：普通

剪定回数：1回

株立ちする古い枝を間引く

株立ちする古い枝を地際で切り、若い枝を育てることで株を若く保つ。

全体をコンパクトに

全体をコンパクトにするために、1〜2段下の葉がついているところまで切り戻す。

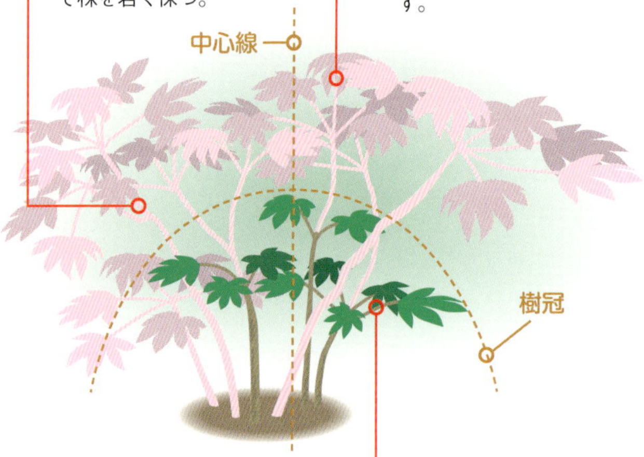

古い葉を切り取る

古い葉は変色をして垂れ下がるので、つけ根で切り取る。

剪定・管理のポイント

- 剪定は、4〜6月に伸びすぎた枝を切り戻して古い葉を取ることが基本。
- 株全体をコンパクトにしたい場合は、古い大きな枝を根元から間引き、若い枝を育てるとよい（ただし、コンパクトにする剪定は2〜3年に1回を目安にする）。
- 古い葉は変色して垂れ下がるので、切り取って葉の数を減らす。頂部に2〜3枚の葉を残す程度にするとよい。
- カイガラムシが発生することがあるので、見つけ次第、歯ブラシなどでこすり落とす。

ユズリハ

ユズリハ科　ユズリハ属

ユズリハは漢字で書くと「譲葉」です。これは、春に若葉が出そろうと古い葉がいっせいに落ちるという特徴に由来しています。はっきりとした世代交代が印象深いことから、昔から子孫繁栄のための縁起物として重宝されてきました。乾燥した場所よりも、やや湿った土を好みます。

枝を間引く

1か所から4〜5本の枝が出て、混み合いやすいので、混んでいる枝をつけ根で間引く。

細い枝を整理する

茂りすぎの原因となるため、主幹から生える細い枝はつけ根で間引く。

下枝を整理する

樹形を乱す下枝は、つけ根で切る。

汚れた葉を取る

樹冠内部に入って見上げると、汚れた葉を見つけやすい。美しさを保つために、汚れた葉はすべて摘み取るとよい。

月	1	2	3	4	5	6	7	8	9	10	11	12
花期					■	■						
花芽分化期												
剪定期						■	■	■			■	■

剪定・管理のポイント

- 萌芽力が強くないので、刈り込み剪定は避け、6月下旬〜8月か11〜12月に不要枝を間引く程度の剪定をする。
- 古い枝は葉のつきが悪くなるので、切るとよい。
- 汚れた葉を切り取ると美しく仕上がる。樹冠内部に入って葉を見上げると汚れた葉を見つけやすい。

基本データ

常緑高木

樹形・大きさ

半球形

3〜10m

花色：●●

実色：●

主な仕立て方

半球形

耐陰性：普通

耐寒性：弱

剪定回数：1〜2回

用語解説

あ

亜主枝（あしゅし）→11ページ
主枝から伸びる太い枝。樹木の骨格となる。

生け垣（いけがき）→15ページ
樹木で作った垣根のこと。刈り込み剪定で作る。

内芽（うちめ）→23ページ
樹木の芽のうち、成長すると樹冠内部に向かう枝が伸びる芽。

腋芽（えきが）
葉のつけ根につく芽。側芽や脇芽ともいう。

園芸品種（えんげいひんしゅ）
目的に合うように品種改良された植物。

か

隔年開花（かくねんかいか）
花が多く咲く年とあまり咲かない年が交互にくり返すこと。

隔年結果（かくねんけっか）
果実が多くつく年とあまりつかない年が交互にくり返すこと。

株立ち（かぶだち）→11ページ
自然の樹形もしくは仕立ての方法を指す。地面から複数の細い幹が伸びて、林のようになる。

株元（かぶもと）
株立ちの樹木の根元付近。

からみ枝（からみえだ）→20ページ
幹や枝と交差している枝。樹形を乱すので剪定対象となる。

刈り込み剪定（かりこみせんてい）→28ページ
刈り込みバサミを使い、刈り込む剪定方法。生け垣や玉づくりなどで行う。

刈り込みバサミ（かりこみばさみ）→16、19ページ
刈り込み剪定をするためのハサミ。

枯れ枝（かれえだ）→20ページ
枯れた枝のこと。剪定の対象となる。

木バサミ（きばさみ）→16、17ページ
剪定に使うハサミ。細い枝を切るのに適している。

強剪定（きょうせんてい）
樹形を作り直す場合などに、太い枝を切ること。強剪定をすると、全体の枝数が減り、コンパクトになる。

切り戻し（きりもどし）
枝の切り方。つけ根ではなく枝の途中で切る。

車枝（くるまえだ）→20ページ
一か所から生える複数の枝のこと。枝葉が混み合う原因となるので、剪定対象となる。

互生（ごせい）
葉や枝、芽のつき方。互い違いになるようにつく。

高木（こうぼく）→14ページ
高さが10m以上になる樹木。庭木としては5m程度に仕立てる。

広葉樹（こうようじゅ）→10ページ
サクラなどのように、うすくて平らな葉をもつ樹木。

さ

枝垂れ（しだれ）→11ページ
自然の樹形もしくは仕立ての方法を指す。枝が垂れさがる。

雌雄異花（しゆういか）
雌花と雄花が別々になっている樹木。雌花にはめしべだけがあり、雄花の花粉を受粉すれば果実ができる。雄花にはおしべだけがある。

雌雄異株（しゆういしゅ）
雌木と雄木が分かれている樹木。雌木

には雌花だけが咲き、果実をつける。雄木には雄花だけが咲くため、果実はつかない。

主幹（しゅかん）→11ページ
樹木の中心となる幹のこと。

樹冠（じゅかん）→11ページ
樹木の枝葉があるいちばん外側の輪郭部分のこと。剪定では樹冠を設定してから枝を切る。

樹高（じゅこう）→11ページ
樹木の根元からいちばん高い枝までの高さのこと。

主枝（しゅし）→11ページ
主幹から生え、樹木の骨格となる太い枝。

小高木（しょうこうぼく）→14ページ
高さ数m～10mの樹木。庭木としては2～3m程度に仕立てる。

常緑樹（じょうりょくじゅ）→10ページ
年間を通して落葉せずに、常に葉がついている樹木。

芯となる枝（しんとなるえだ）→21ページ
剪定の際に使う言葉。樹木の中心となる枝（芯となる枝）を決め、それを中心にして樹冠を設定し、剪定をする。

新梢（しんしょう）
その年に伸びた枝。1年枝ともいう。

針葉樹（しんようじゅ）→10ページ
針状、鱗状、平らで扁平状の葉をもつ樹木。

透かし（すかし）
枝を間引いて減らすこと。間引きともいう。

スタンダード（すたんだーど）→15ページ
仕立て方の一種。主幹の株元から高さ3分の2程度までの枝葉を切り落とし、上部だけに枝葉を残す。

剪定バサミ（せんていばさみ）
→16、17ページ
剪定でもっともよく使うハサミ。受け刃と切り刃がついていて、直径1.5㎝ほどの枝まで切ることができる。

前年枝（ぜんねんし）
前の年に伸びた枝。2年枝ともいう。

先祖返り（せんぞがえり）
園芸品種において、品種改良前の枝葉が出ること。強めに剪定をするなどして、樹木に強いストレスがかかった際に出ることがある。

側芽（そくが）
葉のつけ根につく芽。腋芽や脇芽ともいう。

側枝（そくし）→11ページ
主枝や亜主枝から伸びる枝。

外芽（そとめ）→23ページ
成長すると、樹木の外側へと伸びる枝が育つ芽。

た

耐寒性（たいかんせい）
植物がどれだけの寒さに耐えられるかを表す。耐寒性が高い場合には、寒さに強い。

耐暑性（たいしょせい）
植物がどれだけの暑さに耐えられるかを表す。耐暑性が高い場合には、暑さに強い。

耐陰性（たいいんせい）
植物がどれだけ日に当たらなくても耐えられるかを表す。耐陰性が高い場合には、日陰に強い。

対生（たいせい）
葉や枝、芽のつき方。常に1か所から対になるようにつく。

立ち枝（たちえだ）→20ページ
垂直に立ち上がるように伸びる枝。樹形を乱すため、剪定の対象になる。

玉づくり（たまづくり）→15ページ
仕立て方の一種。刈り込みバサミを使って丸く刈り込む。

短枝（たんし）
節と節の間隔が狭く、全体も短い枝のこと。花芽がよくつく。

段づくり（だんづくり）→15ページ
仕立て方の一種。主枝ごとに枝を刈り込んで段状にする。

中心線（ちゅうしんせん）→21ページ
剪定をする前に設定する、樹木の中心となる線。中心線をもとに樹冠を決めてから剪定をする。

長枝（ちょうし）
節と節の間隔が広く、全体も長い枝のこと。基本的には花芽がつきにくい。

頂芽（ちょうが）
枝の先端にある芽。

接ぎ木（つぎき）
枝などを切り取って、別の木の枝などにつなげること。これによって1本の樹木に複数の性質をもたせることができる。

つけ根（つけね）
剪定において、枝を切る場所として使われることが多い。枝が生えている元の部分を指す。

つる性（つるせい）→11ページ
主幹や枝がつる状に伸びる樹木のこと。自立しない。

強い枝（つよいえだ）
剪定において、枝の勢いのよさを表す。ほかの枝よりも太くて長い。

低木（ていぼく）→14ページ
高さ3m前後の樹木。庭木においては、1m前後に仕立てる。

摘果（てきか）→33ページ
果実を間引いて数を減らすこと。残した果実に養分が集中するため、大きく甘くなる。

摘花（てきか）
花を間引いて数を減らすこと。果実がつく数が減り、残った果実に養分が集中し、大きく甘くなる。花の数が多いビワなどの果樹で有効。

摘蕾（てきらい）
蕾を間引いて数を減らすこと。摘花と同様の効果がある。

胴吹き（どうぶき）→20ページ
主幹から生える細い枝。樹形を乱すため、剪定の対象となる。幹吹きともいう。

徒長枝（とちょうし）→20ページ
ほかの枝に比べてあきらかに勢いよく縦に伸びる枝。樹形を乱すので剪定の対象となる。

な

内向枝（ないこうし）→20ページ
樹木の内側に向かって伸びる枝。樹形を乱すので、剪定の対象となる。

ノコギリ（のこぎり）→16、18ページ
枝を切るための道具。木バサミや剪定バサミで切れないような太い枝を切るときに使う。

は

花柄（はながら）
咲き終わった花。

花柄摘み（はながらつみ）
花柄を残しておくと、種子が作られて養分を消費するため、樹勢が弱まる原因となる。また、見た目が美しくなく、病気の原因ともなるため、摘み取ることが多い。

花後（はなご）
花が咲き終わってすぐの時期。この時期に剪定をすることが多い。かごとも読む。

花芽（はなめ）→30ページ
成長すると花がつく芽。花のみがつく純正花芽と、枝葉と一緒に花がつく混

合花芽がある。かがとも読む。

花芽分化（はなめぶんか）
花芽が作られること。

葉張り（はばり）
樹木の葉がある部分の水平方向の大きさを表す言葉。

葉芽（はめ）
成長すると枝葉が伸びる芽。ようがとも読む。

半常緑性（はんじょうりょくせい）
基本的には常緑性の樹木が、寒冷地などで落葉する性質。

半日陰（はんひかげ）
1日のうち、3～4時間程度しか日の当たらない場所、もしくは1日を通して木漏れ日程度の光しか当たらない場所。

斑入り（ふいり）
本来の色とは違い、白い模様や縁の入った葉をもつ樹木。園芸品種に多い。

節（ふし）
枝において、芽がつく部分。芽が成長すると枝葉や花になる。せつとも読む。

平行枝（へいこうし） →20ページ
複数の枝が平行に伸びること。樹形を乱すのでそのうち1本もしくは複数が剪定対象となる。

ひこ生え（ひこばえ） →20ページ
樹木の根元から生える細い枝。樹形を乱すので剪定の対象となる。

ま

間引き（まびき）
枝をつけ根で切り、枝数を減らすこと。透かしともいう。

実生（みしょう）
種から発芽して育った植物。

芽かき（めかき）
不要な芽を摘み取って枝数を抑制すること。

や

誘引（ゆういん）
植物の幹や枝を支柱などに結びつけて固定すること。

弱い枝（よわいえだ）
剪定において、ほかの枝よりも細くて短い枝を指す。

ら

落葉樹（らくようじゅ） →10ページ
冬に落葉する樹木。

輪生（りんせい）
枝葉や芽のつき方を表す。1か所に3つ以上の枝葉や芽がつく。

わ

矮性種（わいせいしゅ）
一般的なものよりも成長が遅く、大きくならない品種。

分かれ目（わかれめ）
剪定において、枝を切る場所として使われることが多い。枝が分かれている部分を指す。

脇芽（わきめ）
葉のつけ根につく芽。側芽もしくは腋芽ともいう。

さくいん

監修

小池英憲《こいけひでのり》

昭和40年、東京農業大学造園学科卒。樹木医、森林インストラクター。内山緑地建設(株)勤続中に樹木医の資格を取得。以来多くの樹木の診断・治療にあたっている。庭木や公園木の剪定・管理のスペシャリストとして、雑誌・書籍への寄稿も多い。また、森林インストラクターとして、多くの体験イベントの講師を務め、緑の魅力を広げる活動をしている。

一番よくわかる　庭木の剪定

2017年５月15日　初版発行
2025年２月15日　第14刷発行

監修者　小池英憲
発行者　富永靖弘
印刷所　公和印刷株式会社

発行所　東京都台東区台東２丁目24　株式会社　新星出版社
〒110-0016　☎03(3831)0743

ISBN978-4-405-08556-5